Initiative islamischer Quellenforschung e.V.

Der Zweck des Vereins ist die Förderung des wissenschaflichen Austausches, der Übersetzung und/oder Veröffentlichung von Print- und Neuen Medien auf gemeinnütziger Basis, die dem Dialog, dem internationalen Friedensgedanken der Völkerverständigung sowie dem Abbau von Vorurteilen zwischen unterschiedlichen Kulturen dienen.

Aus dem Englischen übersetzt von Muhammad Hanel.

Caner Taslaman

–

Gott, Wissenschaft und Religion

Inhaltsverzeichnis

Caner Taslaman

Gott, Wissenschaft und Religion

Über den Autor:

Über den Autor

Die Grund- und Mittelschule und das Gymnasium besuchte Caner Taslaman in seiner Geburtsstadt Istanbul. Als Sohn einer Chemieingenieurin und eines Arztes hat er sich bereits im Kindesalter für die Naturwissenschaften interessiert. Er schloss seine universitäre Ausbildung am Soziologischen Institut der Universität Boğaziçi ab. Während seiner Ausbildung interessierte er sich ausserdem für Gebiete wie Anthropologie, Religionssoziologie und Wissenssoziologie. Am Institut für Philosophie und Religion der Universität Marmara erhielt er seinen Master mit einer Masterarbeit über die Verbindung zwischen der Big Bang Theorie und der Philosophie und Theologie. Der Doktorgrad wurde ihm am selben Institut für seine Dissertation über die Verbindung zwischen der Evolutionstheorie und der Philosophie und Theologie verliehen. Nach dem Schreiben des Buches über die Verbindung der Quantentheorie mit der Philosophie und Theologie wurde er Dozent. Ausserdem bekam er seinen zweiten Doktor an der Fakultät für Politikwissenschaften der Universität von Istanbul für seine Arbeit "Der Islam in der Türkei während der Globalisierung". Als Post-Doc arbeitete er zuerst an der Universität Tokyo, danach an der Universität in Oxford. An den Universitäten Harvard und Cambridge war er als Gastdozent tätig. Seine aktuellen Arbeiten und die Themen, die er an den ausländischen Universitäten am meisten bearbeitete, umfassen den Zusammenhang zwischen moderner Wissenschaft, Philosophie und Religion. Er ist Lehrmitglied an der Philosophischen Fakultät der Yıldız Teknik Universität in Istanbul.

Geleitwort

Geleitwort

Ecevit Polat

Im europäischen Mittelalter gab es eine lange Zeitspanne, in der das Betreiben von Naturwissenschaft zusammen mit der Religion kein Selbstverständnis war. Man denke hierbei besonders an den italienischen Physiker und Philosophen Galileo Galilei (1564-1642), der mit Hilfe des nach dem früheren holländischen Vorbild entwickelten Fernrohrs die Phasen der Venus, die vier Monde des Jupiters und die Saturnringe entdeckt und herausgefunden hatte, dass die Sterne in der Milchstraße – entgegen der alten Vorstellung – in Wahrheit aus Einzelsternen bestehen. Das von ihm favorisierte kopernikanische Modell schien von nun an eine unwiderlegbare Tatsache zu sein, in dem die Erde sich um die Sonne dreht, was die *Kirche gegen die Naturwissenschaft*[1] zu provozieren vermochte. Tatsächlich drohte auch ihm, genauso wie seinen Vorgängern, ein Konflikt mit dem katholischen Klerus, der den *„greisen Gelehrten unter Androhung der Folter zum Widerruf zwang; erst im 20. Jahrhundert hat die katholische Kirche ihm Gerechtigkeit widerfahren lassen.“*[2]

Die intensive Beschäftigung mit den verschiedensten Disziplinen der Naturwissenschaften, wie sie im europäischen Mittelalter vorzufinden war, barg in zunehmender Weise jedoch die Gefahr, von der Zensur *der römischen Inquisition* sanktioniert zu werden. Ganz zu schweigen von den Werken, die auf dem *römischen Index* der verbotenen Bücher gesetzt worden waren. Der katholische Theologe Hans Küng beschreibt die verheerenden Folgen, die durch die *Inquisitionsbehörde* verursacht wurden, mit den folgenden Worten:

---

[1] Vgl. Hans Küng, *Der Anfang aller Dinge. Naturwissenschaft und Religion*, S. 19-22, Piper Verlag, München 2005.

[2] Hans Joachim Störig, *Kleine Weltgeschichte der Philosophie*, S. 321, Fischer Taschenbuch Verlag, Frankfurt am Main 2002.

„Die schon vor dem Konzil in Rom durch Paul III. errichtete zentrale Inquisitionsbehörde operierte zunächst zurückhaltend, wurde aber unter Paul IV. Caraffa sogar gegen Kardinäle und Phillip Neri aktiv. 1564 wurde der tridentinische Index der für alle Katholiken verbotenen Bücher veröffentlicht und 1571 sogar eine eigene Indexkongregation eingesetzt. Im Jahre 1600 wird die Inquisition in Rom auf dem Campo de' Fiori Giordano Bruno verbrennen, 1633 Galilei in die Knie zwingen und Descartes so einschüchtern, dass dieser zunächst nichts mehr zu veröffentlichen wagt."[3]

Im Gegensatz dazu verlief die Beschäftigung mit den Naturwissenschaften im islamischen Mittelalter ganz anders als seinerzeit im Westen Europas. Das lag vor allem daran, dass Muslime sich von Anfang an durch ihre Heilige Schrift dazu ermutigt fühlten, die Welt um sich herum zu beobachten und die daraus resultierenden Mechanismen genauestens zu studieren. Im Qur'an gibt es deshalb unzählige Verse, die den Anstoß zur wissenschaftlichen Forschung geben, nicht nur, um die Vergangenheit der alten Völker aufzuspüren, sondern auch, um zu neuen Entdeckungen zu motivieren:

„Sprich: Reist durch das Land und schaut, wie das Ende derer war, die zuvor lebten […]." (ar-Rum, 42).

„Die da Gottes gedenken im Stehen und Sitzen und Liegen und über die Schöpfung der Himmel und der Erde nachdenken: „Unser Herr, Du hast dies nicht umsonst erschaffen!" (Ali Imran, 191).

Selbst im Bittgebet leitet der Qur'an die Gläubigen dazu an, ihr Wissen permanent zu erweitern:

„O mein Herr! Mehre mein Wissen!" (Ta Ha, 114).

Als schließlich der Kalif al-Ma'mun im Jahre 825 in Bagdad das *„Haus der Weisheit"* gründete, konnten er und seine Angestellten

[3] *Das Christentum, Wesen und Geschichte. Die religiöse Situation der Zeit*, S. 567, Piper Verlag, München 1994.

inzwischen mehr als Tausende Werke darin zählen. Zudem konnte ein Reisender im Jahre 891 in dieser Stadt mehr als 100 öffentliche Bibliotheken aufsuchen. Selbst eine kleine Stadt wie Nadjaf beherbergte im Irak mehr als 40.000 Bände.[4] Diese weltbewegende Dynamik der Muslime ergriff zusehends alle Gebiete der Naturwissenschaften, einschließlich der Geisteswissenschaften.[5] Es war daher kein Zufall, dass der französische Philosoph Roger Garaudy diesen historischen Umstand in einem Satz zutreffend beschrieb:

„Durch ihren Glauben haben die Muslime der Weltkultur den reichsten Beitrag geleistet.“[6]

Insofern stellen die drei nachfolgenden Beiträge von Caner Taslaman in der zeitgenössischen Diskussion um die Kompatibilität von Gott, Wissenschaft und Religion auch erstmals für den deutschen Leser eine immense Bereicherung dar. Es ist in der Tat nicht zu übersehen, dass mittlerweile auf dem Büchermarkt nicht wenige Werke zu diesen Themen publiziert worden sind.[7] Doch zeichnet sich Taslamans Beitrag ausdrücklich dadurch aus, dass sich sein Forschungsgebiet nicht nur auf die Naturwissenschaften beschränkt, sondern auch dadurch, dass er auch aufgrund seiner

[4] Besonders empfehlenswert hierzu sind: *Häuser der Weisheit. Wissenschaft im Goldenen Zeitalter des Islam*, Nünnerich-Asmus, Verlag & Media und Sigrid Hunke, *Allahs Sonne über dem Abendland. Unser arabisches Erbe*, Deutsche Verlags-Anstalt, Stuttgart 1989.

[5] Vgl. Murad Hofmann, *Der Islam als Alternative*, S. 18-19, 6. Auflage, Cagri Yayinlari, Istanbul 2010; Eberhard Serauky, *Im Glanze Allahs. Die arabische Kulturwelt und Europa*, be bra Verlag, Berlin 2004.

[6] *Verheißung Islam. Das Dritte Erbe.* S. 90, Verlag tredition, Hamburg 2018.

[7] Siehe hierzu z.B. Hans Küng, *Der Anfang aller Dinge. Naturwissenschaft und Religion*, Piper Verlag, München 2005; Keith Ward, *Gott. Das Kursbuch für Zweifler*, Primus Verlag, Darmstadt 2007; Paul Davies, *Gott und die Moderne Physik*, Bertelsmann Verlag, München 1986.

akademischen Gelehrsamkeit in Philosophie und Theologie bestens geschult ist.[8] Die vorliegenden Abhandlungen unterstreichen in aller Deutlichkeit, dass sich Naturwissenschaft und Theologie keineswegs gegenseitig ausschließen. Vielmehr bedarf es heute mehr denn je der engen Zusammenarbeit beider Disziplinen, um den Sinn des Daseins/Kosmologie tiefgreifender ergründen zu können.

[8] Um zu verdeutlichen, mit welchen verschiedenen Themen Taslaman sich über die Jahre beschäftigt hat, kann durch die nachfolgenden – jedoch unvollständigen – Publikationsliste aufgezeigt werden: *The Quran: Unchallengeable Miracle*; *The Big Bang; Philosophy and God; Gott, Philosophie und die Wissenschaft; Die Evolutionstheorie, Philosophie und Gott; Moral, Philosophie und Gott; 12 Beweise für die Existenz Gottes; Qur'an und der Aufbau eines wissenschaftlichen Geistes; Vom Universum zu Gott.*

Qur´anisch-Wissenschaftliche-Theologie und
Wissenschaftlich-Qur´anische Theologie
mit Beispielen aus den Bereichen der
Astronomie und Physik:
Eine Holistische Evaluation

Qur'anisch-Wissenschaftliche-Theologie und Wissenschaftlich-Qur'anische Theologie mit Beispielen aus den Bereichen der Astronomie und Physik: Eine Holistische Evaluation

Kurzdarstellung:

Das Ziel dieses Beitrags ist die Präsentation eines theoretischen Rahmenwerks, um mit diesem die außerordentlichen Eigenschaften des Qur'ans zu evaluieren. Das erste, was daher getan wird, ist auf das Erfordernis hinzuweisen, eine holistische Herangehensweise zu entwickeln. Dieser holistische Ansatz wird die speziellen Eigenschaften des Qur'ans hervorheben (wie die von ihm vorgestellte Ontologie und die Bedeutung, die er dem Leben beimisst) und die Tatsache, dass erstaunliche Phänomene (so sie einen Bezug zur modernen Wissenschaft haben) alle in einem einzigartigen Buch zusammenkommen. Was die Verbindung zwischen dem Qur'an und der modernen Wissenschaft betrifft, werden zwei Herangehensweisen und drei Beispiele vorgestellt, die jeweils aus den Bereichen der Astronomie und Physik zitiert werden. Die erste, auf die ich als Qur'anisch-Wissenschaftliche-Theologie verweise, behauptet, dass bei Berücksichtigung des Wissensstandes zur Zeit und am Ort der Herabsendung des Qur'ans es für eine Person oder eine Gruppe von Menschen unmöglich war, jene Aussagen gemacht zu haben, die der Qur'an in Hinblick auf die moderne Wissenschaft gemacht hat. Die zweite Herangehensweise, auf die ich als Wissenschaftlich-Qur'anische-Theologie verweise, ist zurückhaltender als die erste. Was diesen Ansatz vom ersten unterscheidet, ist, dass die Entdeckungen, welche durch die modernen Wissenschaften gemacht wurden, als Ausgangspunkte herangezogen und in den Interpretationen von qur'anischen Versen und in der Auswahl unter den *Tafsirs* (Interpretationen des Qur'ans) aus der Vergangenheit benutzt werden. Indem die Möglichkeiten, die für solch eine Art der Herangehensweise durch den Text des Qur'ans geboten wird, berücksichtigt werden, können auch aus diesem zurückhaltenden Ansatz theologische Schlussfolgerungen gezogen werden. Ich glaube, dass durch die Kombination dieser Ansätze nutzbringendere Ergebnisse erzielt werden können als durch die Bevorzugung des einen vor dem anderen. Ich habe Beispiele aus den Bereichen der Astronomie und der Physik für das von mir vorgestellte Rahmenwerk für die Evaluation der Verbindung zwischen dem Qur'an und der modernen Wissenschaft herangezogen; allerdings glaube ich, dass auch die Feststellungen, die im Qur'an bezüglich Biologie, Geologie, Archäologie und anderer Bereiche getroffen werden, innerhalb dieses holistischen Rahmenwerks und auf der Grundlage dieser Herangehensweise zu evaluieren sind.

Wichtige Erinnerung: Die holistische Evaluation aller speziellen Eigenschaften und Phänomene des Qur'ans

Bevor wir eine Verbindung zwischen dem Qur'an und der modernen Wissenschaft herstellen und zu theologischen Schlussfolgerungen gelangen, möchte ich einige sehr wichtige Sachverhalte hervorheben, die beachtet werden müssen. Der Qur'an ist ein einzigartiges Buch mit vielen wichtigen Eigenschaften. Bevor wir damit beginnen, Beispiele der herausragenden Phänomene des Qur'ans anzuführen, lassen Sie uns kurz einige der sehr bedeutsamen Eigenschaften des Qur'ans betrachten:

- Der Qur'an präsentiert eine theozentrische Ontologie, welche den Sinn des Lebens, die Bedeutung des Universums und des Menschen erklärt. Bislang wurde keine alternative rationale Ontologie zu der durch den Qur'an - und alle anderen göttlichen Religionen – vorgestellten entdeckt.

- Der Qur'an listet die Praktiken auf, welche die von ihm präsentierte Ontologie verlangt; er vereint Theorie und Praxis; und er spielt die Rolle einer „Erinnerung" (Dhikr) daran, Gott, der das Zentrum dieser Ontologie ist, in den Mittelpunkt menschlichen Lebens zu stellen.

- Der Qur'an hält die Menschen davon ab, falsche Götter anzubeten. Diese falschen Götter haben sich der Menschheit in vielen Formen präsentiert, von der Sonne angefangen bis hin zum Mond, Götzen und der Vergötterung von Menschen.

- Der Qur'an hat eine Antwort auf die existentiellen Hilferufe der Menschheit, solche wie: „Wo komme ich her?" und „Wohin gehe ich?"

- Der Qur'an sagt den Menschen, dass sie nicht das Ergebnis blinder Zufälle sind; er informiert sie über die Existenz ihres Schöpfers und versorgt sie mit einer Bedeutung des Lebens, die wahrhaftig und nicht irreführend ist.

- Der Qur'an liefert eine rationale Basis für ethische Gesetze, welche die Grundlage für die Beziehungen unter den Menschen bilden.

- Der Qur'an, der für über eine Milliarde Menschen Rechtleitung bietet, ist (während des Gebets und zu anderen Zeiten) das meist gelesene Buch auf der Welt.

- Der Qur'an fungiert als „Seil Gottes (*Habl Allah*) auf Erden"[9], indem er Menschen, die Schwierigkeiten nicht aus eigener Kraft bewältigen können, mit ihrem Schöpfer, der das Monopol, all ihre Schwierigkeiten zu lösen, in Händen hält, in Verbindung zu treten ermöglicht.

Die Phänomene, die in einem außergewöhnlichen Buch beschrieben sind, bieten all dies und machen viele andere speziellen Eigenschaften dadurch sogar noch bedeutsamer. Diese speziellen Eigenschaften und beeindruckenden Phänomene werden nicht in

---

[9] Der Begriff "Seil Gottes" (Habl Allah) wird in diesem Vers im Qur'an erwähnt: Sure 3 (Die Familie Imrans): 103.

einem unter tausenden von unbedeutenden Büchern[10] gefunden, und es ist auch keine Sammlung verschiedener Bücher.

Abgesehen von den Beispielen aus Astronomie und Physik, die in diesem Artikel vorgestellt werden, sollte darüber hinaus bekannt sein, dass es viele andere mit diesen Gebieten verbundene Beispiele gibt, die hier nicht alle erwähnt werden können, dass es viele Beispiele auch aus anderen Bereichen wie Biologie und Geologie gibt, die es uns ermöglichen, die herausragenden Phänomene zu bezeugen, die in den Ausführungen des Qur'ans beschrieben sind, und dass all diese im Qur'an zu finden sind, einem Buch, das viele besondere Merkmale enthält, und dass ein holistischer Blick auf diese zu einer Erweiterung unseres Wissens hinsichtlich der erstaunlichen Phänomene des Qur'ans führt.

Wenn es Beispiele gibt, die weniger außerordentlich zu sein scheinen als andere, hilft uns dieser holistische Blick zu sehen, dass sie im „ganzen Bild“ ebenfalls bedeutsam sind. Um besser zu erklären, was ich meine, kann ich eine Geschichte über Moses erwähnen, die ausführlich im Qur'an behandelt worden ist: dank der holistischen Herangehensweise können wir jene beurteilen, welche die Botschaft Moses‘ zurückgewiesen haben und den Fehler jener, die trotz der Wunder (ayat), die er zeigte, nicht an seine Botschaft glaubten. Um es vorweg zu nehmen: abgesehen von der Tatsache der Wunder, die Moses gezeigt hat, enthält die Botschaft Moses‘ spezielle Merkmale – identisch oder ähnlich wie jene speziellen Merkmale, auf die zuvor verwiesen wurde – welche Glauben verdienten. Zum Beispiel verfocht er eine rationale, monotheistische Ontologie; er wandte sich gegen die Vergötterung von Menschen und gegen Götzenverehrung; er predigte

---

[10] Ich glaube, selbst wenn wir ein Buch, welches die meisten Beschreibungen der erstaunlichen Phänomene wie jene im Qur'an beinhaltet, unter tausenden von Büchern, welche nicht gleiche spezielle Eigenschaften wie der Qur'an aufweisen, zu finden versuchten, könnten wir kein Buch finden, welches Phänomene so im Detail beschreibt, wie jene, auf die im Qur'an verwiesen wird. Allerdings sollte nicht vergessen werden, dass diese in einem einzigartigen Buch mit "besonderen Eigenschaften" beinhaltet sind.

ethische Prinzipien, die mit dem menschlichen Temperament harmonierten; er verfocht eine Religion, welche das Leben sinnvoll machte und existentielle Hilferufe beantwortete ... Zusätzlich zu all diesen „besonderen Merkmalen“ ward ihm eingegeben, Zauberer mit seinem Zepter zu besiegen,[11] das Meer zu teilen [12], und jene, die ihn bekämpften, wurden von Missgeschicken getroffen, wie Überschwemmungen, Heuschrecken und Fröschen.[13] Das „Gesamtbild“, das sich ergibt (mit anderen Worten: dass die Botschaft Moses‘ besondere Merkmale aufweist, und dass jedes erstaunliche Wunder der gleichen Person zugeschrieben wird) ist durch gegenseitige Bekräftigungen bestätigt und verstärkt den Glauben, dass die von Moses überbrachte Botschaft nicht zurückgewiesen werden sollte. Einige der erwähnten Wunder scheinen weniger bemerkenswert zu sein als andere. Zum Beispiel könnten einige meinen, dass Heuschreckenschwärme von Zeit zu Zeit zu sehen sind und dass sie daher keine außerordentlichen Vorkommnisse sind, doch wenn man dieses Phänomen aus einer holistischen Perspektive betrachtet und man einige besondere Merkmale von der Botschaft Moses‘ wie zum Beispiel die Rationalität seiner Botschaft, seine Bilderstürmerei und die Bedeutung, die er dem Leben zugeschrieben hat, mit der Tatsache kombiniert, dass all diese erstaunlichen Wunder einer einzelnen Person zugeschrieben werden und „am gleichen Ort und zur gleichen Zeit in der Geschichte“ beobachtet werden, nähert sich der Heuschreckenschwarm eher der Bedeutung eines Wunders an.

Wir können uns folgendes gedachtes Beispiel vorstellen, um zu versuchen, den Grund zu verstehen, warum ich das Vorhandensein vieler spezieller Merkmale und erstaunlicher Phänomene an einem einzigen Ort betone: wenn ein Glücksspiel mit unmöglichen Zahlen mit einem einzigen Los gewonnen wird, ist dies eine interessante aber normale Sache, doch wenn die gleiche Person für

[11] Sure 7 - Al-A'raf (Die Höhen): 117-126; Sure 26 - Ash-Shu'ara (Die Dichter): 34-51.

[12] Sure 26 - Ash-Shu'ara (Die Dichter): 60-66.

[13] Sure 7 - Al-A'raf (Die Höhen): 133.

jedes Spiel nur einzelne Lose kauft und jedes Los gewinnt, würden wir dies höchstwahrscheinlich als einen außergewöhnlichen Sachverhalt ansehen. Und wenn diese Person „besondere Kennzeichen" aufweist, zum Beispiel der weltbeste Philosoph wäre und auch der beste Sänger und zusätzlich der beste Fußballspieler, wäre der Sachverhalt, dass diese Person mit all ihren besonderen Kennzeichen viele Spiele gewinnt, sogar noch erstaunlicher. Daraus ergibt sich, dass, wenn „besondere Eigenheiten" und „erstaunliche Geschehnisse" sich an einem einzigen Ort zutragen oder einer einzelnen Person zugeschrieben werden, dies etwas ist, dem man große Aufmerksamkeit widmen sollte. Wenn wir erkennen, dass die vielen speziellen Besonderheiten des Qur'ans und die vielen erstaunlichen Wunder in einem „einzelnen Buch" gefunden werden, können wir den wirklichen Wert dieser Wunder innerhalb des „Gesamtbildes" noch besser verstehen.

Zwei Annäherungen an die Verbindung zwischen dem Qur'an und den modernen Wissenschaften

In diesem Artikel werde ich im Rahmen zweier Ansätze die Verbindung zwischen einigen Versen aus dem Qur'an und jenen Daten untersuchen, welche uns die modernen Wissenschaften aufdeckten. Ich werde diese Ansätze nur auf der Grundlage von Beispielen aus der Astronomie und der Physik diskutieren. Diese Beispiele begründen eine Antwort an jene, die sagen, dass der Qur'an die „Rede eines Sterblichen" [14] ist, und tragen zu unserer Auffassung über die Berechtigung des qur'anischen Anspruchs bei, dass eine „gleiche Sure" nicht hervorgebracht werden kann.[15] Die beiden Herangehensweisen, für die ich jeweils drei Beispiele anführe, sind folgende:

1. Die erste nimmt Bezug darauf, dass der Wissensstand zur Zeit

[14] Sure 74 - Al-Muddaththir (Der Verhüllte): 25.

[15] Sure 2 - Al-Baqara (Die Kuh): 23 und Sure 17 - Al Israa (Die Nachtfahrt): 88.

und am Ort als der Qur'an offenbart wurde, zur Feststellung führt, dass die auf moderne Wissenschaften bezogenen Aussagen des Qur'ans nicht von einer Person oder einer Gruppe von Menschen hätten gemacht werden können. Ich bezeichne diesen Ansatz als „Qur'anisch-Wissenschaftliche-Theologie, da dies zur Etablierung seines göttlichen Aspekts beiträgt und zur Zurückweisung von Behauptungen hinsichtlich seines menschlichen Aspekts, da der Qur'an selbst das Fundament für unsere theologischen Ansprüche legt, wenn wir den Qur'an als den Beweis für seine eigenen Feststellungen in Bezug auf das Gebiet der Wissenschaften vorlegen.

2. Der zweite Ansatz besteht darin, die Daten, welche durch die modernen Wissenschaften offengelegt werden, als Ausgangspunkte herzunehmen und die Verse des Qur'ans dementsprechend zu interpretieren. Aus den vielen Interpretationen, die durch verschiedene *Tafsirs* (Interpretationen des Qur'ans) im Laufe der Geschichte vorgestellt wurden, jene auszuwählen, die mit der modernen Wissenschaft übereinstimmen, ist die erste Priorität hinsichtlich der für diesen Ansatz gewählten Beispiele; allerdings ist es auch wichtig, dass, wenn eine Bedeutung berücksichtigt wird, die nicht in den Tafsirs festgehalten ist, diese Bedeutung nicht einer naiven Interpretation des Qur'antextes abgerungen werden sollte. Ich bezeichne diesen Ansatz als Wissenschaftlich-Qur'anische-Theologie, da die von den modernen Wissenschaften aufgezeigten Daten unsere Ausgangspunkte bilden und theologische Ansprüche aufgrund der Möglichkeiten, die uns der Qur'an für die Adaption dieser Daten an den qur'anischen Text bietet, geltend gemacht werden können.

Qur'anisch-Wissenschaftliche-Theologie

Die folgenden drei Beispiele können herangezogen werden, um den Anspruch zu belegen, dass einige Feststellungen des Qur'ans, dessen Weisheit im Lichte der modernen Wissenschaft offenbart worden ist, nicht von einer Person oder einer Personengruppe, die vor 1400 Jahren lebten, gemacht worden sein konnten:

1 – Mit Macht erbauten Wir den Himmel. Wahrlich, Wir dehnen ihn aus.[16]

Der Punkt, um den es in der Sure *Adh-Dhaariyat* geht, betrifft ein sehr wichtiges geistesgeschichtliches Thema, welches über Jahrtausende hinweg in der Philosophie und Wissenschaft diskutiert wurde. Die Antworten, welche die Philosophen und Wissenschaftler auf Fragen gaben wie „Ist das Universum endlos?" und „Sind dem Universum Grenzen gesetzt?" gründen auf drei Ansätzen. Die erste Gruppe, der auch Aristoteles angehört, behauptet, dass das Universum feste Grenzen hat.[17] Die zweite Gruppe, der Newton angehört, behauptet, dass das Universum grenzenlos und endlos ist.[18] Die dritte Gruppe, der Kant angehört, übernahm eine agnostische Ansicht, welche sagt, dass der Verstand dieses Dilemma nicht lösen könne.[19]

Die theoretische Geltendmachung, die in den 1920ern von Georges Lemaitre und Alexander Friedmann unabhängig von-

---

[16] Sure 51 - Adh-Dhaariyat (Die Zerstreuende): 47. In der Übersetzung der Qur'anverse kam mir die Übersetzung von Ahmed Ali zugute, *Al-Quran*, New Jersey, Princeton University Press, 1994.

[17] Aristotle, *The Complete Works of Aristotle*, Herausg.: Jonathan Barnes, New Jersey, Princeton.

[18] Newton, *Philosophical Writings*, Herausg.: Andrew Janiak, Cambridge, Cambridge University Press, 2004, S. 23.

[19] Immanuel Kant, *The Critique of Pure Reason*, Übers.: J.M.D. Meiklejohn, Chicago, William Benton, 1971, S. 135-137.

einander auf der Grundlage von Einsteins Formeln abgegeben wurde, dass das Universum sich ausdehnt, markierte einen Wendepunkt für diesen Sachverhalt, der für viele als unlösbares Problem gesehen worden ist.[20] Diese Tatsache wurde bald darauf durch Hubbles teleskopische Beobachtungen empirisch bestätigt.[21] Seitdem haben alle anderen Beobachtungen und Forschungsergebnisse dieses Phänomen bestätigt.

Der Qur'an ist die einzige Quelle, die vor den 1920er versichert hat, dass das Universum keine festen Grenzen habe, wie Aristoteles glaubte, oder dass das Universum nicht grenzenlos oder endlos sei, wie Newton glaubte, sondern dass es dynamische, sich ausdehnende Grenzen hat. Wenn wir das Universum von außen betrachten könnten, wäre vielleicht eines der erste Dinge die wir bemerkt hätten, dass sich das Universum stetig ausdehnt. Ich glaube nicht, dass irgendjemand irgendwann behaupten wird, dass Muhammad ein Astrophysiker war, dass er ein hochmodernes Teleskop in der Wüste versteckte und damit entdeckte, dass sich das Universum ausdehnt, oder dass irgendjemand ganz beiläufig bemerken könnte, dass sich das Universum ausdehnt!

Im Lichte dieses Beispiels werde ich mich bemühen, eine Antwort auf eine häufig gestellte Frage zu geben: „Wenn der Qur'an auf viele Phänomene verwiesen hat, die später durch die moderne Wissenschaft entdeckt wurden, warum wurden diese Entdeckungen nicht von Muslimen gemacht?“ Tatsächlich ist jemand, der eine solche Frage stellt, sich der Natur wissenschaftlicher Entdeckungen und wissenschaftlicher Methodologie nicht bewusst. Im Gegensatz zu den direkten Aussagen, die im Qur'an

---

[20] Caner Taslaman, *The Big Bang, Philosophy and God*, Istanbul, Nettleberry, S. 28-36.

[21] Stephen W. Hawking, *A Brief History of Time*, New York, Bantam Books, 1990, S. 36-40.

gemacht werden, entdeckt die Wissenschaft neue Phänomene, indem sie kausale Zusammenhänge aufzeigt und mit Hilfe neu entwickelter Geräte, sozusagen durch das Voranschreiten über bestehende Stufen. Das Ansammeln von Wissen aus hunderten, um nicht zu sagen tausenden von Jahren war manchmal erforderlich, um wissenschaftliche Methoden einzusetzen, um zu einer Wahrheit zu gelangen, die im Qur'an mit wenigen Worten ausgesagt wird. Zum Beispiel war es, um zu entdecken, dass sich das Universum ausdehnt, erforderlich, die Infrastruktur zu entdecken, auf der Einstein seine Formeln aufbaute und wissenschaftliche Informationen, die für teleskopische Beobachtungen gebraucht wurden wie den Doppler Effekt, um die Entwicklungen in der Optik umzusetzen und das Teleskop zu erfinden und weiterzuentwickeln und viele Schritte mussten getan werden, die ein Budget von hunderten Millionen verbraucht haben, um das Hubble Teleskop zu bauen ... Wenn solche Schritte getan werden, geschieht es oft, dass zu unerwarteten Schlussfolgerungen gelangt wird, wie die Ausdehnung des Universums.

Die Methodologie und Natur der Wissenschaft verlangten, dass solche Schritte über die wissenschaftliche Methodologie erreicht werden. Wissenschaft verlangt, dass Phänomene beobachtet werden, dass mathematische Formeln entwickelt werden und systematische Einordnungen gemacht werden. Da der Qur'an direkte Feststellungen trifft, liefert er keine Instrumente für die Wissenschaft, wie Formeln und Teleskope.[22]
Deshalb erwächst die Frage, warum jene, die den Qur'an lesen,

[22] Andererseits können die Verse des Qur'ans, die den Gebrauch des Verstands und Lektionen zu lernen empfehlen, als Ermutigung für wissenschaftliches Forschen erachtet werden; die Gemüter, welchen diese Verse geholfen haben sich auszuformen, haben es von einem wissenschaftlichen Standpunkt aus zustande gebracht, zwischen dem 7ten und 13ten Jahrhundert die höchste Zivilisation der Welt zu erschaffen. Es kann nicht geleugnet werden, dass diese Geisteshaltung, wie sie durch den Qur'an herausgebildet wurde, später verschwand – doch dieses Thema liegt außerhalb des Bereichs dieses Artikels.

nicht in der Lage sind, die Phänomene, die im Qur'an beschrieben sind, mit wissenschaftlichen Methoden zu entdecken, aus der Unfähigkeit/dem Versagen, die Natur wissenschaftlicher Methodologie und den direkten Ansatz des Qur'ans zu berücksichtigen. Die Erklärung, die ich in der Beurteilung des Verses hinsichtlich der „Ausdehnung des Universums" gegeben habe, ist für viele andere Beispiele gültig, die die Verbindung moderner Wissenschaften mit dem Qur'an betreffen.

2 – Sehen diese Nichtgläubigen nicht, dass die Himmel und die Erde eine ganzheitliche Masse waren, und Wir sie dann teilten, und aus Wasser alles Lebendige erschufen? Wollen sie selbst dann nicht glauben? [23]

Im 17ten Jahrhundert ermöglichten die Forschungsergebnisse Newtons der Menschheit das erste detaillierte kosmologische Wissen. Doch erst in den 1920ern konnten wir zum ersten Mal eine detaillierte wissenschaftliche Kosmogonie erreichen. Wenn Lemaitres und Friedmanns Modell eins expandierenden Universums geistig zurückgespult wird, werden wir mit einer Situation konfrontiert, in der „die Himmel und die Erde eine einheitliche Masse" waren. Dieses Modell, welches den Beginn des Universums als einen Zustand beschrieb, in dem alles miteinander verbunden war, wurde unter dem Namen „Urknall" bekannt. Wissenschaftliche Belege, welche auch die Strahlung inkludieren, die aus dem Anfangsstadium des Universums zurückblieb [24] und die Tatsache, dass dieses Modell am besten die Entwicklungen beschreibt, die mit der Mikrowelt [25] verbunden sind, wiesen alle

[23] Sure 21 - Al-Anbiya (Die Propheten): 30.

[24] Die Wissenschaftler, die als erste diese Strahlung entdeckt haben, erhielten den Nobelpreis der Wissenschaft Ralph A. Alpher und Robert Herman, *Genesis of the Big Bang*, Oxford, Oxford University Press, 2001, S. 107-129.

Einwände gegen dieses Modell als falsch zurück.

Durch die Aussage, dass „die Himmel und die Erde eine ganzheitliche Masse“ waren und „Wir sie dann teilten“, verweist Vers 30 der Sure 21 – Al-Anbiya (Die Propheten) auf das Modell des Universums, welches mit der Urknall-Theorie vorgelegt wird. Solch eine klare Aussage über ein Thema, welches von fundamentalem Interesse für Philosophie und Wissenschaft ist, wurde vor dem Qur'an noch in keiner anderen Quelle gefunden. Es wäre nicht logisch zu behaupten, dass solch ein deutlicher Hinweis auf ein Thema dieser Bedeutung beiläufig, zufällig oder aufgrund der „persönlichen Fähigkeiten“ Muhammads gegeben worden wäre. Dazu kommt, dass die Weisheit des Qur'ans erst 1300 Jahre nach seiner Herabsendung verstanden wurde; es ist möglich, dass zur Zeit des Propheten solch eine Behauptung Opfer des Gespötts geworden wäre. Für den Propheten war es zu seiner Zeit nicht möglich, solch ein Wissen besessen zu haben, doch selbst wenn es möglich gewesen wäre, wäre es für eine Person, die „für eigene Interessen eine Religion erfand“, wie Leugner behaupten, nicht logisch gewesen, eine Behauptung aufzustellen, die zu einer für ihn widrigen Situation geführt hätte. Doch wenn einmal akzeptiert wird, dass Gott, der die Wahrheit unter allen Umständen offenbart, den Qur'an herabgesandt hat, steht solch eine Frage nicht länger zur Debatte.

Dank diesem Modell des Universums, auf welches durch diesen Vers verwiesen wird, kann eine auf Wissenschaft und Philosophie basierende Antwort auf die atheistische Behauptung gegeben werden, dass „das Universum/Materie ewig und die einzige Quelle von allem ist.“[26] Daraus ergibt sich, dass keines der Phänomene,

---

[25] Das Thema, das heute diskutiert wird, ist nicht, ob es für das Universum einen Anfang gab, sondern was in den ersten Sekunden des Beginns geschah: Steven Weinberg, *The First Three Minutes*, New York, Basic Books, 1993.

die aus dem Qur'an hervorgehen, nur darauf zu zeigen abzielen, dass ein Wunder ersichtlich wird, dass etwas den Menschen Unbekanntes verkündet wird oder dass dessen Wert eines Tages verstanden wird oder dass es als Wunder anzusehen ist. Die Tatsache, dass Themen, auf die im Qur'an vor 1400 Jahren verwiesen wurden, nun im Lichte der modernen Wissenschaften verstanden werden, stellt tatsächlich ein „Wunder" dar, doch war der Sinn hinter diesem herabgesandten Vers gewiss ein höherer als dies, da die Phänomene, auf die Gott durch diese Verse verweist und die Lektionen, die daraus gelernt werden, und die Schlussfolgerungen, die aus diesem Vers gezogen werden können, anders gesagt: der Inhalt dieses Verses auch wichtig sind. Im Qur'an werden alle außergewöhnlichen Phänomene in Versen mit bedeutenden Inhalten vorgestellt, was eine herausragende Eigenschaft der qur'anischen Verse ist, auf die wir unsere Aufmerksamkeit richten sollten.

---

[26] Für zwei Beispiele zu diesem Thema, sehen Sie: Caner Taslaman, *The Big Bang, Philosophy and God*, S. 111-164; William Lane Craig and Quentin Smith, *Theism, Atheism and Big Bang Cosmology*, Oxford, Clarendon Press, 1999.

3 – Dann wandte Er sich zu den Himmeln, und sie waren in gasförmigem Zustand. Und sprach zu ihm und der Erde; „Tretet ins Dasein, bereitwillig oder unwillig.“ Sie sagten, „Wir kommen bereitwillig.“[27]

Aus dem Qur’an erkennen wir, dass das Universum und die Erde, bevor sie die gegenwärtige Form einnahmen, in einem “gasförmigen” Zustand waren. Zu Beginn existierte das Universum in einer „gasförmigen Phase“, in der es hauptsächlich aus Wasserstoff- und Helium-Atomen bestand.[28] Die anderen Atome wurden als Ergebnis physikalischer Prozesse in den Sternen erschaffen und werden immer noch aufgrund solcher Prozesse erschaffen. So wie es für einen Beobachter des Universums vor 1400 Jahren nicht möglich war, mit nacktem Auge zu erkennen, dass es in der Vergangenheit des Universums einen „gasförmigen Zustand“ gab, so ist es auch unmöglich, dass solch eine wesentliche wissenschaftliche Wahrheit, die erst im 20ten Jahrhundert entdeckt wurde, rein zufällig geäußert wurde.

Wissenschaftlich-Qur’anische-Theologie

Wissenschaftlich-Qur’anische-Theologie ist ein Begriff, den ich verwende, um auszudrücken, dass die Entdeckungen der modernen Wissenschaft als Ausgangspunkte betrachtet werden können und dass die Verse des Qur’ans im Lichte dieser Entdeckungen interpretiert werden können. In der Anwendung dieser Methode sollten wir insofern vorsichtig sein, dass wir nicht versuchen, die Verse des Qur’ans auf der Grundlage dummer und erzwungener Ansichten zu interpretieren. Diese Herangehensweise ist weniger anspruchsvoll und weniger umsichtig als die Qur’anisch-Wissen-

[27] Sure 41 - Fussilat (Erklärt im Detail): 11.

[28] Ralph A. Alpher und Robert Herman, *Genesis of the Big Bang*, S. 19; Caner Taslaman, *The Big Bang, Philosophy and God*, S. 51-55.

schaftliche-Theologie. Jedenfalls führen die mit diesem Ansatz bezogenen Daten zu – freilich bescheidenen – theologischen Schlussfolgerungen, die zeigen, dass die Struktur des Qur'ans für Interpretationen im Zuge von Entdeckungen moderner Wissenschaft geeignet ist – ohne deren Bedeutung zu erzwingen. Es könnte gesagt werden, dass der Ansatz unter dem Titel Qur'anisch-Wissenschaftliche-Theologie auf einige Beispiele angewandt werden könnte, die unter dem Titel Wissenschaftlich-Qur'anische-Theologie untersucht wurden. Einer der Gründe, warum ich diese Beispiele unter diesem Titel untersuche, ist es herauszustreichen, dass dies ein alternativer Ansatz für jene sein mag, die weniger ambitiöse und weniger zu beanstandenden Sichtweisen übernehmen möchten, um Verbindungen zwischen dem Qur'an und den modernen Wissenschaften festzustellen. Einige der drei unten angeführten Beispiele können auch unter dem vorigen Titel der Qur'anisch-Wissenschaftlichen-Theologie untersucht werden, doch hier werden diese Beispiele für den Ansatz gebraucht, den ich Wissenschaftlich-Qur'anische-Theologie nenne:

1 - Wir haben aus dem Bild, welches sich aus der modernen Wissenschaft ergibt, erfasst, dass aller Stoff aus Atomen besteht und Atome aus kleineren Partikeln. Eine der wichtigsten Informationen aus der Mikrophysik ist, dass diese Partikel paarweise existieren. Der berühmte Physiker Paul Dirac bekam 1933 den Nobelpreis für Physik für seine Arbeit auf diesem Gebiet. Elektronen stehen Positronen gegenüber, Protonen Anti-Protonen und Neutronen Anti-Neutronen. Die kleineren Stoffpartikel existieren ebenfalls paarweise: Up-Quark und Down-Quark, Charm-Quark und Strange-Quark, Top-Quark und Bottom-Quark ...[29] Alles materielles Sein im Universum besteht daher aus Partikeln, die in Paaren existieren. Da diese alle materielle Existenz ausmachen,

[29] Murray Gell-Mann, *Quark and the Jaguar*, New York, W. H. Freedman and Company, S. 177-198.

kann von aller Existenz gesagt werden, dass sie „paarweise existiert". Wenn wir diese Information im Gedächtnis behalten und im Qur'an nachsehen und folgenden Vers lesen, entdecken wir die Übereinstimmung zwischen dieser das Universum betreffenden grundlegenden Information und dem Qur'an:

Aller Ruhm sei Ihm, der in Paaren alles erschaffen hat, was die Erde hervorbringt, wie auch sie selbst und andere Dinge, die sie nicht kennen.[30]

Und Wir erschufen Paare von allem, damit ihr nachdenken möget.[31]

2 - Es wird von allen anerkannt, dass Einsteins Relativitätstheorie eine der wichtigsten Entdeckungen des 20ten Jahrhunderts ist.[32] Nach dieser Theorie ändert sich der Zeitablauf in Abhängigkeit verschiedener Geschwindigkeiten und Gravitationsfelder und die Zeit ist nicht von den Massen und Geschwindigkeiten im Universum unabhängig, sie ist abhängig und „relativ". Diese Vorstellungen führten zu bedeutenden wissenschaftlichen, philosophischen und theologischen Schlussfolgerungen.[33] Wenn wir diese Information im Gedächtnis behalten und den Qur'an lesen und wir auf Verse stoßen, gemäß welchen manchmal „ein Tag" „tausend Jahre" oder „fünfzigtausend Jahre" bedeuten kann, werden wir Zeuge einer Parallele zwischen diesen sehr wichtigen Entdeckungen moderner Wissenschaft und den Versen des Qur'ans:

---

[30] Sure 36-Yaseen: 36.

[31] Sure 51-Adh-Dhaariyat (Die Zerstreuende): 49.

[32] Albert Einstein, *The Theory of Relativity and Other Essays*, New York, MJF Books, 1997.

[33] Das Buch, in dem ich die Bedeutung dieser Theorie hinsichtlich Philosophie und Theologie abhandle: Caner Taslaman, *Modern Bilim, Felsefe ve Tanrı*, Istanbul, Istanbul Yayınevi, 2008, S. 49-66.

Er regelt alle Angelegenheiten vom Himmel bis zur Erde. Dann steigen sie zu Ihm auf in einem Tag, das Maß, welches nach eurer Zählung tausend Jahre ist.[34]

Zu dem die Engel und die Seele einen Tag, dessen Länge fünfzigtausend Jahre ist, aufzusteigen benötigen.[35]

Gemäß der modernsten Sicht auf diesem Gebiet hat sich das Universum aus einer Reihe unterschiedlicher Phasen entwickelt.[36] In vielen Tafsirs wurde gesagt, dass das Wort "yaum" (Tag) "lange Zeitperioden" bedeutet und obiger Vers bestätigt diese Bedeutung. Wenn wir den Qur'an auf der Grundlage unserer modernen wissenschaftlichen Kenntnisse lesen, erkennen wir, dass die Verse, welche die „Erschaffung der Welt in sechs Tagen" erwähnen, tatsächlich auf eine „Erschaffung" in sechs „Perioden/Phasen"[37] verweisen und dass diese in einigen *Tafsirs* bereits erwähnte Bedeutung akzeptabler ist als andere Interpretationen. Wissenschaftlich-Qur'anische-Theologie ist daher eine Methode, die wir manchmal anwenden können, um unter verschiedenen *Tafsirs* auszuwählen.

3 – Einige der interessantesten Phänomene im Universum ereignen sich, wenn einige große Sterne zum Ende ihrer Existenz gelangen und in Gebilde wie Schwarze Löcher oder Pulsare (eine Art von Neutronenstern) transformiert werden. Der erste Pulsar

---

[34] Sure 32 - As-Sajda (Die Niederwerfung): 5.

[35] Sure 70 - Al-Ma'aarij (Die Stufen): 4.

[36] Caner Taslaman, The Big Bang, Philosophy and God, S. 150-151.

[37] Qur'anverse, die auf die sechs Tage andauernde Erschaffung verweisen, sind folgende: Sure 7 - Al-A'raf (Das Purgatorium): 54, Sure 11 - Hud: 7, Sure 10 - Yunus (Jonas): 3, Sure 25 - Al-Furqan (Die Unterscheidung): 59, Sure 32 - As-Sajda (Die Niederwerfung): 4, Sure 50 - Qaf (Der Buchstabe Qaf): 38, Sure 57 - Al-Hadid (Das Eisen): 4.

wurde 1967 entdeckt; als Jocelyn Bell eine Strahlung entdeckte, die sich in der Form von regelmäßigen und schnellen Impulsen ausdehnte; zuerst dachte man, dies wären von Außerirdischen gesandte Signale. Die verblüffenden Merkmale, welche Pulsare aufweisen, sind in ihrer Art schwer zu verstehen. Während die Erde für eine Umdrehung 24 Stunden benötigt, rotieren Pulsare mehrmals in einer Sekunde. Wenn Sterne, die größer als die Sonne sind, zu Pulsaren werden, schrumpfen sie auf die Größe einer irdischen Stadt. Das Gewicht eines Teelöffels Pulsar beträgt hunderte Millionen Tonnen.[38] Als Mustafa Mlivo den Qur'an las und an all die oben angeführte Information dachte, kam er zum Schluss, dass die Verse unten auf Pulsare verwiesen:

1. Bei den Himmeln und dem Klopfer (*Tariq*).
2. Wie wirst du verstehen, was der Klopfer ist?
3. es ist ein durchdringender Stern [39]

Gemäß Mlivo sind Pulsare die Himmelskörper, die am besten mit den Eigenschaften, die in obigen Versen erwähnt sind, übereinstimmen und keine anderen bekannten Himmelskörper entsprechen diesen Eigenschaften; zunächst einmal bedeutet „*tariq*" „klopfen". (Das Wort bedeutet auch „Pfad", da die Reisenden die Straße mit ihren Füßen „schlagen/klopfen".) In Bezug auf Himmelskörper ist das „Klopfen" eines der Merkmale, durch welche sich Pulsare hervortun; tatsächlich werden diese Himmelskörper nach der von ihnen emittierten Strahlung, die als „Impulse" wahrgenommen werden, benannt. Es gibt Parallelen zwischen „*tariq*" und „Pulsar" sowohl aufgrund der Bedeutung dieser Namen als auch der Tatsache, dass das Kennzeichen, welches durch

---

[38] Für die Eigenschaften von Pulsaren, siehe: Eric Chaisson und Steve McMillan, *Astronomy Today*, 4th ed., New Jersey, Prentice Hall, 2002, p 568-579.

[39] Sure 86-At-Tariq (Der Anklopfende): 1-3.

den Namen „*tariq*" zum Ausdruck gelangt, durch „Pulsare" veranschaulicht wird. „Pulsare" sind Sterne und sie entsprechen der Eigenschaft des Sterns, auf welche im dritten Vers verwiesen wird. Auch die starke Strahlung und die Röntgenstrahlen, die von Pulsaren emittiert werden, entsprechen der Eigenschaft, „durchdringend" zu sein, wie dies im dritten Vers erwähnt wird.[40] Zusätzlich, wie im zweiten Vers betont wird, ist es schwierig, die Eigenschaften eines Pulsars zu erfassen (wie Geschwindigkeit und Gewicht). Ich glaube, dass Mlivo ein gutes Beispiel für eine Qur'an-Interpretation präsentiert hat, die auf dem Wissen moderner Wissenschaft gründet.

Natürlich müssen wir immer daran denken, dass, wenn wir solche Interpretationen vornehmen, unsere Interpretationen des Qur'ans wie auch unsere wissenschaftlichen Kenntnisse falsch sein können und wir sie deshalb laufenden Kontrollen unterziehen müssen.

Durch die Gelegenheit, verschiedene Interpretationen, welche den *Tafsirs* aus der Geschichte hindurch zugeschrieben wurden, neu zu evaluieren, helfen uns solche Zugänge, wenn wir Tafsirs kontrollieren und revidieren.

---

[40] Auf dieses Thema stieß ich in einem, in bosnischer Sprache geschriebenen Buch von Mustafa Mlivo, *Kur'an Ispred Nauke i Civilizacije*, Sarajevo, Bemust, 2001, S. 135-136.

Schlussfolgerung

Das fundamentale Prinzip, welches ich beim Schreiben dieses Artikels zur Anwendung gebracht habe, ist dem fundamentalen Prinzip der Ansätze vieler Giganten Islamischer Philosophie parallel. Nach diesem Prinzip kann es keinen Konflikt geben zwischen von Gott gesandter Religion/Offenbarung/Qur'an und korrekter Wissenschaft, deren Ziel es ist, das von Gott erschaffene Universum zu verstehen und der von Gott verliehenen Vernunft/korrekten Philosophie. Wenn es einen Konflikt gibt, dann ist entweder der Tafsir, der wissenschaftliche Ansatz oder das Denken falsch.

Ich glaube, dass diese und andere Beispiele dazu beitragen werden, einiges der Weisheit von Versen wie den unten Zitierten zu begreifen, welche jenen, die ein Wunder von Gott verlangen, eine Antwort geben, indem sie die Aufmerksamkeit auf die Tatsache lenken, dass der Qur'an genügt.

50 – Denn sie sagen: „Wie kommt es, dass keine Wunder von seinem Herrn auf ihn herabgesandt wurden?"

51 – Genügt es ihnen nicht, dass Wir dir das Buch offenbart haben, aus welchem ihnen vorgetragen wird? Es ist wahrlich eine Gnade und eine Mahnung für Leute die glauben.[41]

Eine große Anzahl von Belegen aus verschiedenen Bereichen bestätigen den Anspruch des Qur'ans, dass er nicht „die Rede eines Sterblichen" ist und dass keine Person oder Gruppe ihn verfasst haben könnte. Auf Grund von Belegen aus verschiedenen Bereichen zu einer Schlussfolgerung zu gelangen, ist eine ideale Methode auf wissenschaftlichem Gebiet, wie auch für viele andere alltägliche Themenbereiche. Diese Methode wird „Konvergenz

[41] Sure 29 - Al-Ankabut (Die Spinne): 50, 51.

wissenschaftlicher Theorien“ [42] genannt. Die Schlussfolgerung, die hier hinsichtlich des Qur'ans erzielt wird, gründet auf der Kombination der Phänomene, die in „einem einzigartigen Buch“, das spezielle Erscheinungen in den Vordergrund rückt, dargestellt sind; deshalb kann ich sagen, dass ich die Methode der „Konvergenz wissenschaftlicher Theorien“ angewandt habe.

Ein anderer Weg, den wir bei unseren Überlegungen im täglichen Leben und in der Wissenschaft beschreiten, besteht in der Evaluierung bestehender Alternativen und darin. die angemessenste unter ihnen zu wählen.[43] Wenn der Qur'an behauptet, dass „Suren von gleicher Art“ niemals hervorgebracht werden können und die Leugner herausfordert, so ist dies die Art des Argumentierens, auf welche er verweist.[44] Es ist unmöglich, ein anderes – alternatives - Buch oder Werk wie den Qur'an zu zitieren, welches in seiner „Gesamtheit“ solch besondere Merkmale und so viele Phänomene beinhaltet – nur auf wenige davon habe ich hier verwiesen. Diese Art des Überlegens begründet noch eine andere Methode, die ich angewandt habe. Ich bezeichne diese Methode und Art der Beweisführung als „bestes Argument unter den Alternativen.“ Die zahlreichen speziellen Merkmale und ungewöhnlichen Phänomene, von welchen nur sehr wenige hier genannt wurden, die in „einem einzigartigen Buch“ versammelt sind, zeigen durch die „Konvergenz wissenschaftlicher Theorien“ und das „beste Argument unter den Alternativen“, dass der Qur'an unmöglich von einer Person oder einer Gruppe von Leuten geschaffen werden konnte, sondern nur das Werk des Allmächtigen sein kann.

---

[42] Robert E. Butts, "William Whewell", *The Cambridge Dictionary of Philosophy*, Herausg.: Robert Audi, Cambridge, Cambridge University Press, 1999, S. 850-851.

[43] Viele Beweismittel, die im täglichen Leben oder in der Wissenschaft gebraucht werden, wie zum Beispiel "Schluss auf die beste Erklärung" oder "Abduktion", gründen auf der Wahl der angebrachtesten unter den Alternativen: Peter Lipton, *Inference to the Best Explanation*, London, Routledge, 2001.

[44] Sure 2 Al - Baqara (Die Kuh): 23, 24; Sure 11 Hud: 13, 14.

Determinismus, Indeterminismus, Quantentheorie und göttliches Handeln

Determinismus, Indeterminismus, Quantentheorie und göttliches Handeln

Kurzdarstellung

Während die Relativitätstheorie die wichtigste Theorie der modernen Physik auf Makroebene darstellt, ist die Quantentheorie die wichtigste Theorie auf Mikroebene (subatomar). In dieser Abhandlung werden wir zu analysieren versuchen, warum die Quantentheorie als erstes dazu kam, die Fundamente der deterministischen Interpretation des Universums, die zuvor die Naturwissenschaften dominierte, zu erschüttern und wie deren „ontologische deterministische" Interpretation neue Ansichten hinsichtlich der Fragen nach göttlichem Handeln, Wundern und freiem Willen ermöglichte. In diesem Artikel behaupten wir nicht, dass die Quantentheorie die Existenz göttlichen Eingreifens, der Wunder und des freien Willens beweise: anders gesagt beschäftigen wir uns nicht mit Natur-Theologie. Was wir versuchen, ist, den Irrtum der Aussage darzustellen, gemäß der, vom Standpunkt des Positivismus aus, göttliches Eingreifen und Wunder unmöglich wären, da sie eine Verletzung der Naturgesetze darstellten. Mit anderen Worten gesagt behaupten wir, dass die Formulierung einer Natur-Theologie innerhalb des Rahmens der Gesetze moderner Wissenschaft möglich ist (ohne allerdings zu beanspruchen, dass diese Ansicht wissenschaftlich korrekt wäre). Wir möchten im Besonderen hervorheben, dass im Rahmen dieser Arbeit unsere Bemühungen dahin gehen, dass das Zeigen des „Möglichen" keinen Anspruch auf das beinhaltet, was die „Wirklichkeit" ist.

Laplace´s Dämon, der die bekannte Zukunft voraussehen kann

Dank der Entwicklung aufgrund der Entdeckungen von Kopernikus, Kepler, Galileo und Newton gelang es der Menschheit zum ersten Mal, eine detaillierte, systematische und wissenschaftliche Kosmologie zu erfassen. Mit diesen Entdeckungen wurde das Universum durch mathematische Gesetze beschrieben und diese Gesetze waren im gesamten Universum anwendbar. Das Aristotelische System, welches für mehr als tausend Jahre als gültig erachtet wurde und welches das Universum in eine sub-lunare und eine supra-lunare Sphäre einteilte, wobei für jede Sphäre eigene Gesetze galten, fiel nach Newton äußerst in Misskredit. Eine deterministische Sicht des Universums wurde übernommen. Dieses Verständnis der Physik beeinflusste auch Philosophie, Theologie und alle anderen Wissenschaften in hohem Maße; Philosophen und Theologen formulierten ihre Ansichten auf der Grundlage der Entwicklungen in der Physik, während andere wissenschaftliche Gebiete ihr Wissen, dem Beispiel der Newton'schen Physik folgend, neu zu ordnen suchten.

Laplace, der durch den Erfolg der Newton'schen Gesetze bei der Beschreibung des Universums beeinflusst wurde, war einer der ersten, der wissenschaftlichen Determinismus systematisch darstellte.[45] Nach den Vorstellungen von Laplace weiß eine höhere Intelligenz (Laplace's Dämon), die in einem gegebenen Moment über alle Details betreffend der Position und Geschwindigkeit aller Teilchen im Universum Kenntnis hat, alles über die Vergangenheit und Zukunft im Universum. Wenn der Naturalismus, der das Universum als eine Sphäre wahrnimmt, die keinerlei Einflussnahme von außerhalb erfährt und die materialistische Philosophie, die behauptet, dass es keine Substanz gäbe außer Materie, mit Laplace's Determinismus zusammengeführt werden, wird es unvermeidlich zu einer materialistischen, fatalistischen

[45] Stephen Hawking, *Ceviz Kabugundaki Evren (The Universe in a Nutshell)*, übersetzt von: Kemal Comlekci, Bursa, Alfa Yayinlari, 2002, S. 104; Stephen Hawking, *A Brief History of Time*, New York, Bantam Books, 1990, S. 53.

Sicht kommen, die schlussfolgert, dass sich die Zukunft in Richtung eines Ergebnisses neigt, welches in der ersten Sekunde des Big Bangs festgelegt wurde. Durch den Anspruch, dass nichts von außen in die Natur eingreifen kann, vermag der Naturalismus den universellen Determinismus vor Gott zu schützen. Andererseits wird der Materialismus behaupten, dass die Seele keine separate Substanz sein kann, und derart bewahrt er den Determinismus auch vor Wesen innerhalb des Universums. Descartes behauptete, dass Tiere nichts anderes als Automaten wären, auch wenn sie viel höher stehen könnten als die von Menschen fabrizierten Maschinen;[46] mit anderen Worten gesagt behauptete er, dass sie Lebewesen ohne inneres Wesen seien, die lediglich aus Materie bestünden und an deterministische Gesetze gefesselt seien. Was jene von Descartes[47] beeinflusste Philosophen anbelangt, wie La Mettrie, der seine eigene Philosophie als Gegenposition zu Descartes' Materie-Geist-Dualismus entwickelte, so klassifizierten sie des Menschen Seele unter die Automaten. Die Existenz einer Substanz außer Materie (Gott oder die Seele von Lebewesen) könnte die Voraussage des Laplace'schen Dämons ungültig machen, indem sie die Lebewesen und den Ablauf (Determinismus) im materialistischen Universum beeinflussen.[48]

Der wirklich interessante Punkt ist, dass eine atheistische-materialistische Laplace'sche Ontologie keinen Platz für freien Willen in einer materialistischen Konzeption von Vorherbestimmung findet, die behauptet, dass alle künftigen Ereignisse bereits seit allem Anbeginn vorbestimmt seien. Innerhalb einer naturalistisch-materia-

[46] Rene Descartes, *Discourse on Method and the Meditations*, übersetzt von: F. E. Sutcliffe, London, Penguin Books, 1968, S. 65.

[47] Ernst Mayr, *The Growth of Biological Thought*, Cambridge, The Belknap Press of Harvard University Press, 1982, S. 97-98.

[48] Im Allgemein vergessen jene, welche behaupten, dass Laplace's Determinismus die Existenz eines freien Willens im Menschen nicht zulässt, die Tatsache zu unterstreichen, dass diese Ansicht den Naturalismus und Materialismus als gegeben voraussetzt.

listischen Konzeption des Universums ist der ontologische Status der Realisierung einer Alternative im vom Universum durchgemachten Ablauf so gut wie unmöglich; nach dieser Auffassung des Universums könnte nicht einmal Ihre exakte Fingerhaltung, wie sie jetzt gerade beim Lesen dieses Artikels ist, anders sein: Wenn der Laplace'sche Dämon vor Milliarden Jahren seine Berechnungen angestellt hätte, hätte er sowohl die Art und Weise bestimmen können, wie Sie diese Seite lesen, als auch auf die Sekunde genau den Zeitpunkt, wann dies geschieht. Behauptungen von Philosophen wie Sartre die Tatsache betreffend, dass „die Existenz der Essenz vorangeht“[49], sind eine Illusion, soweit es die deterministisch-materialistische und naturalistische Philosophie betrifft.

Die Tatsache, dass in solch einem Universum der Laplace'sche Dämon die gesamte Zukunft vorhersehen kann, zeigt, dass dies eine Illusion ist. Es gab auch innerhalb des Theismus Ansichten, die an Fatalismus glaubten, wie die Cebriye-Sekte im Islam und den Lutherismus im Christentum. Dennoch hat die Ontologie des Theismus auch das Vorhandensein einer weiten Palette von Möglichkeiten anerkannt; zum Beispiel wurde ausgeführt, da Gott frei ist, könnte Er auch Wesen erschaffen, die frei wie Er sind, und dass die Seele, die keine materielle Substanz ist, einen Spielraum für einen freien Willen (unabhängig von Determinismus)

[49] Jean Paul Sartre, *Being and Nothingness*, übersetzt von: Hazel E. Barnes, New York, Washington Square Press, 1993.

aufweise. Dazu kommt, dass gesagt werden könnte, dass, selbst wenn die Seele keine eigene Substanz wäre, in dem Moment, in dem die Materie zu einem menschlichen Gehirn geformt würde, das Charakteristikum für einen freien Willen entstehen könnte.[50] Die Tatsache, dass die Mu'tazilah-Sekte islamischen Denkens und der christliche Katholizismus behaupten, dass die Menschheit einen freien Willen habe, gründet im weiten Bereich der Möglichkeiten, den die theistische Ontologie bietet, da für Gott alles möglich ist.[51]

---

[50] Wir sind der Meinung, dass die Literatur, die als Widerspruch zu reduktiven Ansätzen unter dem allgemeinen Titel "Genese" in den letzten zwanzig Jahren entstanden ist, große Bedeutung aus Sicht der Religionsphilosophie hat. Der Hauptpunkt, der diese Thematik betrifft und aufgelöst werden muss, kann durch folgende Frage ausgedrückt werden: Bedeutet die Tatsache, dass, wenn sich Elemente einmal zu einer komplexen Struktur zusammengefügt haben und dadurch völlig neue Eigenschaften entwickeln (wie im Falle, dass sich Gehirnzellen bilden) und dies nicht mehr über die beteiligten Elemente erklärt werden kann, unser Wissen nicht mehr ausreicht, um solch eine auf den konstituierenden Elementen aufbauende Erklärung zu formulieren, und somit diese Situation eine „erkenntnistheoretische Erscheinung" ist; oder, dass ein Ganzes wirklich nicht durch seine elementaren Bestandteile erklärt werden kann und die Sachlage somit eine "ontologische Erscheinung" ist?

[51] Viele theistische Sekten und Philosophen haben eine Unterscheidung getroffen zwischen Gottes Wissen der Zukunft und Gottes Bestimmung der Zukunft, bzw. dem Zwang, eine bestimmte Art Gestalt anzunehmen. Dieser Ansicht nach (die im islamischen Denken so ausgedrückt wird: „Wissen ist dem unterworfen, was bereits gewusst wird") gibt es keinen Widerspruch zwischen der Tatsache von Gottes Wissen über das künftige Geschehen und der Vorstellung des freien Willens. Für detailliertere Informationen sehen Sie bitte: Hanifi Ozcan, *Bilgi-Obje İliskisi Acisindan Insan Hurriyeti* (Human Freedom from the Point of View of the Relation between Knowledge and Object), *Dokuz Eylul Universitesi Ilahiyat Fakultesi Dergisi 5*, 1989; Für mehr Information über den freien Willen im Islam sehen Sie bitte: Kasım Turhan, *Kelam ve Felsefe Acisindan Insan Fiilleri* (Human Acts from the Point of View of the Theology and Philosophy), Istanbul, Marmara Universitesi Ilahiyat Fakultesi Vakfi Yayinlari, 2003, S. 29-133.

Die theistischen Behauptungen bezüglich des freien Willens sind nicht wissenschaftlich, da sie weder bewiesen noch widerlegt werden können. Da jedoch auch das Gegenteil nicht bewiesen werden kann (die Struktur und die Funktion des menschlichen Geistes sind immer noch ein Mysterium; und dies macht das Studium der exakten Natur des Menschen und seines freien Willens unmöglich), kann diese Behauptung nicht auf eine Absurdität reduziert werden (reductio ad absurdum). Da andererseits in einem Universum, von welchem behauptet wird, es sei deterministisch und seine einzige Substanz sei die Materie (ein Universum, für welches eine materialistische Ontologie übernommen wird), bestimmte Ursachen stets zu gleichen Resultaten führen werden, können Ansprüche, die sich auf die Existenz einer freien Ursache beziehen (die Existenz eines freien Willens impliziert die Existenz von freien Ursachen), vom logischen Gesichtspunkt aus sehr leicht auf Absurdität reduziert werden.

Determinismus, Indeterminismus, Quantentheorie und göttliches Handeln

Sogar vor Laplace hatte Kant das Problem erkannt, welches mit einem Konzept - das seinen Höhepunkt mit Newton erreicht hat – von einem deterministischen Universum einhergeht, wenn dieses im Zusammenhang mit dem freien menschlichen Willen präsentiert wird. Das mag stimmen, hat Kant doch in seiner dritten Antinomie analysiert, warum der Determinismus keinen Raum für Freiheit lässt.[52] Kant war der Meinung, dass die reine Vernunft den freien Willen nicht beweisen könne, dass jedoch die praktische Vernunft den freien Willen für die „kategorischen Imperative“ benötige, welche die Grundlage für seine

---

[52] Immanuel Kant, *The Critique of Pure Reason*, übersetzt von: J.M.D. Meiklejohn, Chicago, William Benton, 1971, S. 140-141.

Moraltheorie bilden sollten.[53] Schlussendlich löst er diesen Widerspruch, indem er sagt, dass der freie Wille ein Teil der Welt der *numen* sei, während der Determinismus ein Teil der Welt der Phänomene ist. Wenn wir die Tatsache berücksichtigen, dass im System von Kant die Welt der *numen* nicht auf rationale Weise verstanden werden kann, erkennen wir, dass es in seinem System keine rationale Lösung für das Problem des freien Willens gibt. Allerdings sagt Kant auch, dass die praktische Vernunft der reinen Vernunft übergeordnet sei und der Moral zuliebe akzeptiert er den menschlichen freien Willen und gleichzeitig die Existenz Gottes und des Jenseits als *Postulat*.[54]

Auf diese Weise errichtet Kant seine eigene Metaphysik anstelle jener Metaphysik, die er zerstört hat. Wichtig in dieser Angelegenheit ist die bedeutende Rolle, die Newtons Determinismus dabei spielte, wie Kant sein ganzes System aufbaut. Er glaubte, dass die reine Vernunft die Akzeptanz des Determinismus mit all seinen Folgen erfordere. Er war sich bewusst, dass nach einem Konzept vom Universum, welches auf der Grundlage von deterministischen Gesetzen funktioniert, die Zukunft vorhersehbar wäre und doch brauchte er gleichzeitig das Konzept vom freien Willen, um eine Moraltheorie zu formulieren; vielleicht ist dies der Grund dafür, dass sich das Konzept von „Kant's Dämon" nicht im philosophischen Vokabular findet. Doch wenn die Natur, wie wir das gleich anhand der am weitesten verbreiteten Interpretation der Quantentheorie sehen werden, eine „objektive indeterministische" Struktur aufweist, wären dann Kants Bemühungen, die Autorität der reinen Vernunft in Bezug darauf zu attackieren, dass sie eine Basis für den freien Willen schaffen könne

[53] Immanuel Kant, *Fundamental Principles of the Metaphysics of Morals*, übersetzt von: Thomas Kingsmill Abbott, Chicago, William Benton, 1971, S. 279-280.

[54] Immanuel Kant, *Fundamental Principles of the Metaphysics of Morals*, übersetzt von: Thomas Kingsmill Abbott, Chicago, William Benton, 1971, S. 279-280.

und gleichzeitig gegen die Position der philosophischen Tradition die Überlegenheit der praktischen Vernunft über die reine Vernunft zum Ausdruck zu bringen, nicht vergeblich?

Debatten, die sich aufgrund des wissenschaftlichen Determinismus ergaben, waren nicht auf den freien Willen beschränkt. In einem deterministischen Universum gibt es keine Lücke, „A“ wird immer „B“ determinieren, und „B“ wird immer „C“ bedingen, und wenn „B“ geschieht, wird immer im Voraus gewusst werden, was danach kommt; das Gegenteil ist nicht möglich. In solch einem Universum wird die Frage sein, wie göttlich eine Intervention ist. Es ist diese Problematik, welche die Grundlage für die Beschuldigung der drei theistischen Religionen bildet, gegen die Wissenschaftlichkeit zu verstoßen. Aber auch wenn viele theistische Philosophen und Theologen meinen, dass die Existenz eines Universums, die Kohärenz seiner Gesetze und göttlichen Eingriffe wie Gottes instrumentalisierter Einsatz der universellen Gesetze, sogar möglich sind, ohne die deterministischen Gesetzmäßigkeiten zu brechen, entsteht das größte Problem besonders dann, wenn die drei monotheistischen Religionen behaupten, dass einige der göttlichen Interventionen die Form von „Wundern“ annehmen. Theistische Denker haben ganz allgemein „Wunder“ als Verletzungen der Naturgesetze angesehen. Dieser Ansicht nach ist das Resultat, wenn „B“ zu „C“ führen sollte, nicht „C“, sondern „M“. Auch wenn wissenschaftlich gesprochen „C“ das Resultat aus „B“ sein sollte, haben oben erwähnte Theologen behauptet, dass „M“ das Ergebnis sei; dies hat einige materialistisch-atheistische Denker zu der Behauptung geführt, dass die Religion sich im Widerspruch zur Wissenschaft befinde. Dieser Einwand gegen die theistischen Religionen kommt nicht nur aus dem Atheismus, sondern bisweilen auch aus theologisch begründeten Ansätzen. Zum Beispiel sagte Spinoza, dass die Naturgesetze das Resultat aus Gottes Natur seien und dass jene, die behaupteten, dass Gott gegen diese Gesetze handle, sich der unsinnigen Aussage schuldig machten, dass Gott gegen seine eigene Natur handle.[55] In der Behauptung, dass die Naturgesetze aus Gottes Natur herstammen, war Spinoza von Descartes beeinflusst.

Allerdings waren gemäß Descartes Gott und das Universum zwei verschiedene Substanzen, und der Punkt, den er unterstrich, zielte auf die Formulierung eines mechanistischen Konzepts der Wissenschaft ab; er benutzte diesen Ansatz nicht, um die Existenz von Wundern zu bestreiten. Andererseits war Spinoza ein Monist: er setzte das Wesen Gottes mit der Natur gleich; deshalb war für ihn der Übergang zwischen göttlicher Natur und den Naturgesetzen ein direkter, und auf gleiche Weise, wie er Wunder als eine Verletzung der Naturgesetze betrachtete, erachtete er sie wider die göttliche Natur. Auch Schleiermacher verlangte aus theologischen Gründen, dass das Konzept von Wundern als Verletzung der Naturgesetze aus der christlichen Theologie verbannt werden sollte.

Er sah die Kausalität als ein logisches MUSS, und auch wenn er jedes Ereignis im Universum als Gottes Werk betrachtete, so dachte er, dass diese Phänomene als etwas wahrgenommen werden sollten, dass innerhalb des Rahmens der Naturgesetze geschieht und keine Verletzung von Naturgesetzen darstellt.[56]

Wie man sehen kann wurden viele Fragen, die von einem philosophischen Blickwinkel aus wichtig sind, (wie Kant's Philosophie, Laplace's Dämon und das Problem des freien Willens, oder Einwände gegen die Ansicht, dass göttliches Eingreifen, vom wissenschaftlichen Naturalismus aus gesehen oder wie bei Spinoza

---

[55] Benedictus de Spinoza, *Tractatus Theologico-Politicus*, übersetzt von: Samuel Shirley, Leiden, Brill Academic Publishers, 1997.

[56] Friedrich Schleiermacher, *The Christian Faith, Edinburgh*, T. and T. Clark Publishers, 1999.

und Schleiermacher theologisch begründet, eine Verletzung der Naturgesetze darstelle), innerhalb des Rahmens einer Einstellung gestellt, die sich ergibt, wenn man glaubt, dass es im Universum Gesetze mit „objektiv-deterministischer“ Natur gibt. Dieser Glaube erreichte seinen Höhepunkt mit der Physik Newtons und wurde mit Einstein bestärkt. Indessen gründete die unerwartete Herausforderung auf der die subatomare Welt betreffenden Quantentheorie.

Quantentheorie und Indeterminismus

Einstein, der Newtons absolute Raum- und Zeit-Konzepte ablöste, erklärte die Gravitationskraft auf eine differenziertere Art und benutzte die Lichtgeschwindigkeit als absoluten Wert in seiner Physik; dennoch war auch seine Physik deterministisch und realistisch, genau wie die Newton'sche Physik (die davon ausging, dass ein Universum, welches über mathematische Formeln beschrieben werden könne, in einer äußeren Welt, unabhängig von einem Beobachter und in tatsächlicher Übereinstimmung mit diesen mathematischen Formeln, existiere). Die Quantentheorie, welche die subatomare Welt beschreibt, wurde zur gleichen Zeit formuliert, in der Einstein seine Relativitätstheorie entwickelte; tatsächlich war Einstein einer unter jenen, die zu einem besseren Verständnis der subatomaren Welt beigetragen haben. Das Atommodell, welches von Ernest Rutherford 1911 vorgestellt wurde, entsprach mehr oder weniger dem Sonnensystem; das Modell eines Atoms, wie es von der Mehrheit gesehen wird, ist immer noch in dieser Art: in der Mitte befindet sich gleich der Sonne der Kern und die Elektronen umkreisen ihn wie Satelliten. Auf der Grundlage des quantentheoretischen Atommodells hingegen wäre es richtiger, die Elektronen als mögliche Wellen zu bezeichnen denn als umkreisende Satelliten; auf der Grundlage dieser Theorie ist es unmöglich, eine Zeichnung des Atommodells anzufertigen. Die Quantentheorie in der Form, wie sie heute bekannt ist, begann 1925 mit Werner Heisenbergs „Matrizenmechanik" und 1926 mit Schrödingers „Wellenmechanik"; diese waren ursprünglich separate Theorien, aber später führte Paul Adrien Maurice Dirac diese beiden zusammen und formulierte eine einzige Theorie mit größerem Spielraum.[57] Gemäß der Quantenmechanik sind die sogenannten subatomaren Teilchen gleichzeitig auch Wellen. Es gibt auch experimentelle Daten, die diesen widersprüchlichen Status bestätigen.[58]

Gemäß Heisenbergs Unschärfeprinzip, welches die Quantensituation erklärt, ist es unmöglich, die Position und die Geschwindigkeit von Teilchen auf atomarer Ebene gleichzeitig und genau zu berechnen.[59] Nach diesem Prinzip gilt, dass, je genauer wir die Position eines Teilchens berechnen, umso ungenauer unsere Berechnung seiner Geschwindigkeit wird; wenn wir mit der höchsten Genauigkeit die Geschwindigkeit des Teilchens berechnen, wird dessen Position völlig unbekannt. Schrödinger, ein Mitbegründer der Quantentheorie beschrieb das Atom nicht als ein System, welches durch einen Kern und Elektronen gebildet wird, sondern als ein System, welches aus materiellen Wellen besteht. Bohr beschrieb den Teilchen- und Wellenaspekt der Materie als zwei verschiedene Aspekte der Wirklichkeit, die einander ergänzten (Prinzip der Komplementarität). Heisenberg behauptete, dass Schrödingers und Bohrs Interpretationen nur bis zu einem bestimmten Punkt angewendet werden und sie ihre Widersprüche nicht auflösen könnten und diese Widersprüche nur dann aufge-

---

[57] Roger Penrose, *Kralin Yeni Usu 2: Fizigin Gizemi (The Emperor's New Mind*: Concerning Computers, Minds, and The Laws of Physics), übersetzt von: Tekin Dereli, Ankara, Tubitak Populer Bilim Kitaplari, 2000, S. 103.

[58] Roger Penrose, *The Road To Reality*, London, Jonathan Cape, 2004, S. 505-511.

[59] Werner Heisenberg, *Einstein'la Yuzlesmek* (Encounters with Einstein), übersetzt von: Kemal Budak, Istanbul, Gelenek Yayincilik, 2003, S. 33-36.

löst werden könnten, wenn man die Grenzen des Determinismus überschreite.[60]

Aus der Sicht der klassischen Physik ist Heisenbergs Ansatz unannehmbar. In der klassischen Physik gilt, dass, wenn man die Position und den Impuls eines Teilchens kennt, man leicht berechnen kann, wo es zu einem späteren Zeitpunkt sein wird. Tatsächlich beruht die Fähigkeit von Laplace's Dämon, die Zukunft vorherzusehen, auf dieser Art, eine Möglichkeit zu berechnen. Gemäß Bohr ist das Atom im Falle, dass wir es nicht beobachten, nicht mehr als ein Geist; nur als Resultat aus unserer Beobachtung wird das Atom wirklich. Auch gibt es den Fakt, dass wir entscheiden, was wir beobachten. Wenn wir seine Position beobachten, ist das Atom an seiner Stelle und wenn wir dessen Geschwindigkeit beobachten, können wir die Geschwindigkeit berechnen; allerdings können wir nicht dessen Position und Geschwindigkeit gleichzeitig beobachten. An jene gerichtet, die durch diese Tatsache völlig verwirrt waren (was die berühmtesten Namen moderner Physik zum Ausdruck brachten) und die das Ganze als zu paradox erachteten, um akzeptiert zu werden, sagte Paul Davies, dass sie sich nicht zu sorgen brauchten, da auch Einstein ihnen beipflichtete.[61]

In der Quantentheorie gibt es nur Wahrscheinlichkeiten. Die erste Einführung von Wahrscheinlichkeiten in die Physik geschah mit dem Entropiegesetz (Ende des 19ten Jahrhunderts); allerdings war der Grund für Wahrscheinlichkeiten im Entropiegesetz die Unmöglichkeit, Quadrillionen von Teilchen zu berechnen, wenn sie sich nach der Newton'schen Mechanik bewegten. Oder, anders gesagt, ist unsere erkenntnistheoretische Unfähigkeit der

[60] Werner Heisenberg, *Fizik ve Felsefe* (Physics and Philosophy), übersetzt von: M. Yilmaz Oner, Belge Yayinlari, 2000, S. 20-21.

[61] Paul Davies, *God and The New Physics*, New York, Simon and Schuster, 1984, S. 103.

Grund dafür, warum das Entropiegesetz probabilisitisch ist. In der Quantentheorie hingegen ist die Behauptung, wie sie durch Heisenbergs Unschärfeprinzip vorgebracht wird, nicht, dass wir uns in einem „subjektiv indeterministischen" Universum befinden (in einer indeterministischen Lage, welche durch unser erkenntnistheoretisches Defizit verursacht wird); „objektiver Indeterminismus" wird als eine Realität des Universums angenommen. Gemäß dieser Annahme bewegt sich das Universum auf der Grundlage von Wahrscheinlichkeiten.

Es spielt keine Rolle, wie begabt Laplace's Dämon ist: in einer solchen Situation kann er die Zukunft nicht vorhersehen, da die Zukunft nicht vorherbestimmt ist; wenn wir bis zum Beginn des Universums zurückgehen und den Urknall auf die genau gleiche Art wiederholen, wäre das Universum höchstwahrscheinlich nicht wie es heute ist und wir wären nicht hier.[62] Solch ein Universum ist nicht das Universum eines Newtons und Einsteins; wenn solch eine Beschreibung des Universums korrekt ist, dann sollten viele Probleme, die durch den Einfluss einer deterministischen Konzeption vom Universum Gestalt angenommen haben und mit der Philosophie und Theologie zu tun haben (wie der Ansatz von Kant, Spinozas Einwendungen, das Verhältnis von Gott zum Universum, Wunder und freier Wille), neu überdacht werden.

---

[62] Daten, das anthropische Prinzip betreffend, haben gezeigt, dass die Existenz der Menschen im Universum sehr genaue und entscheidende Bedingungen braucht, soweit dies die Gesetze und Phänomene im Universum anbelangt. Diese entscheidenden Bedingungen korrespondieren mit einer äußerst geringen Wahrscheinlichkeit innerhalb der wahrscheinlichen Parameter. Selbst mit dem genau gleichen Urknall zu Beginn und den gleichen universellen Gesetzen, hätte eine nur geringe Änderung der Phänomene im Universum das Entstehen von Leben auf der Erde verunmöglicht. Mehr Information zum Thema: John D. Barrow, Frank J. Tipler, *The Anthropic Cosmological Principle*, Oxford, Oxford University Press, 1996; Caner Taslaman, *The Big Bang, Philosophy and God*, Istanbul, Istanbul Yayınevi, 2007, 10tes Kapitel.

Gottes Handeln in der Welt

Wenn man das Verhältnis von Gott zur Welt studiert, so sind die Handlungen Gottes in der Welt in zwei Kategorien zu unterteilen: (1) allgemeine göttliche Handlungen (2) spezielle göttliche Handlungen. Allgemeine göttliche Handlungen bezeichnen die Erhaltung des Universums gemeinsam mit dessen Gesetzen. Spezielle göttliche Handlungen bezeichnen andererseits Gottes Eingreifen zu einer bestimmten Zeit an einem bestimmten Ort; Wunder, wie dieses Konzept traditionell verstanden wird, und religiöse Erfahrungen sind hier mit inbegriffen.[63]

Wir sind der Meinung, dass die Unterteilung der göttlichen Handlungen in vier Kategorien nützlicher wäre. Wir werden versuchen zu erklären, was wir meinen, indem wir Beispiele für diese vier Kategorien anhand von Regen vorstellen:

1. **Das Erschaffen durch Gott:** Hier verweisen wir auf die Erschaffung des Universums und dessen Gesetze durch Gott. Demgemäß erschuf Gott aus dem Nichts die Materie und die Energie, aus welchen wiederum die Atome gestaltet wurden, die ihrerseits wieder zur Formung von Regen führten, wie aber auch die Gesetze, wie das Gravitationsgesetz, welches eine große Rolle beim Phänomen des Regens spielt.

2. **Die Erhaltung durch Gott:** Damit meinen wir die Aufrechterhaltung der durch Gott erschaffenen Materie und Gesetze über die Zeit. Demgemäß kann es, da Gott das Fortbestehen der universellen Materie und Gesetze ermöglicht, das Phänomen Regen nach 15 Milliarden Jahren seit Beginn des Universums geben.

[63] Nicholas Saunders, *Divine Action and Modern Science*, Cambridge, Cambridge University Press, 2002, S. 18 – 23.

3. **Die Verwirklichung von Phänomenen durch Gott:** Damit meinen wir die Phänomene, welche Gott innerhalb des universellen Rahmenwerks und durch die von Ihm aufrechterhaltenen Gesetze verwirklicht. Auf den ersten Blick scheint es, als wären die göttlichen Handlungen, welche in diesem Punkt beschrieben sind, die gleichen wie in Punkt zwei; aber es gibt einen deutlichen Unterschied zwischen den beiden. Im zweiten Punkt verweisen wir auf das, was viele Leute als „Notwendigkeiten" bezeichnen. Was wir andererseits in diesem Punkt meinen, ist das, was viele Leute „Möglichkeit" nennen oder in anderen Worten die Tatsache, dass Gott eine der vielen Möglichkeiten ausführt, die innerhalb des von Ihm aufgestellten Rahmens der Gesetze möglich sind. Gott könnte das Universum und dessen Gesetze genauso erschaffen haben, aber eine Erde mit der exakten Distanz zur Sonne und Wasser und Atmosphäre, wie sie jetzt vorhanden sind, würde es nicht geben. Worauf im zweiten Punkt hingewiesen wird, ist, dass Regen 15 Milliarden Jahre nach dem Anfang des Universums aufgrund der Aufrechterhaltung der entsprechenden Naturgesetze möglich ist, wohingegen in diesem Punkt darauf verwiesen wird, dass nach 15 Milliarden Jahren diese Möglichkeit zu einer bestimmten Zeit und an einem bestimmten Ort verwirklicht wurde.

4. **Die Wirken von Wundern durch Gott:** Damit könnten wir meinen, dass Gott in besonderen Situationen die Naturgesetze außer Kraft setzt und außergewöhnliche Ereignisse zu einer bestimmten Zeit an bestimmten Ort passieren lässt; doch könnten wir auch meinen, dass Gott innerhalb des Rahmens der Naturgesetze an einem bestimmten Ort und zu einer bestimmten Zeit Vorkommnisse realisiert, deren Wahrscheinlichkeit sehr gering ist. Demgemäß könnte Gott es an einem Ort regnen lassen, an welchem es niemals Wolken oder Regen

gibt, um das Bittgebet eines seiner geliebten Untertanen zu erfüllen.

Wir sind der Meinung, dass diese Vier-Punkte-Unterscheidung vom Standpunkt der Unterteilung aus, die die Behauptungen betrifft, ob Gott ins universelle Geschehen eingreift, nützlicher ist als die Zwei-Punkte-Unterscheidung. Es gab Bemühungen, die allgemeinen göttlichen Handlungen und die speziellen göttlichen Handlungen zusammenzuführen.[64] Auch ist es möglich, bestimmte Elemente der vier-Punkte Beschreibung auf solche Art zusammenzuführen, wie sie der Beschreibung der göttlichen Handlungen entsprechen. Zum Beispiel könnten, wenn jemand behauptet, dass Gott Wunder vollbringt, indem er ohne Naturgesetze zu verletzen sehr geringe Wahrscheinlichkeiten im Universum realisiert, die Punkte drei und vier zusammengeführt werden. Jedenfalls sind wir der Ansicht, dass kein Ansatz es erfordert, einen weiteren Punkt zu den vier oben genannten hinzuzufügen; deshalb empfehlen wir diese Vier-Punkte-Unterscheidung.

In diesem Artikel werden wir uns weder auf die theistischen Ansprüche fokussieren, dass Gott das Universum aus dem Nichts erschaffen hat, wie dies im ersten Punkt erwähnt wurde, noch auf jene, welche die Erhaltung des Universums betreffen, wie dies im zweiten Punkt erwähnt wurde. Viele Theisten haben verkündet, dass Gott, welcher die erste Ursache ist, jene universellen Phänomene, die wir im dritten Punkt erwähnt haben, durch den Einsatz der universellen Gesetze als sekundäre Ursachen erschaffen hat. Auf diese Art haben sie ein Konzept des göttlichen Eingreifens formuliert, welches keine Verletzung von Naturgesetzen beinhaltet. Theistische Behauptungen, welche sich auf die Verletzung von Naturgesetzen beziehen, wurden zumeist in Hinblick auf das Wir-

[64] Nicholas Saunders, ebd., S. 23-32.

ken von Wundern ausgedrückt. Wie wir bereits erwähnt haben, wurden Einwände dagegen sowohl im Namen des Naturalismus wie auch über einige theologische Ansätze vorgebracht. Dennoch ist die allgemeine Tendenz dahingehend, dass Wunder als eine Verletzung der Naturgesetze angesehen werden.

David Hume brachte seine bekannten Einwände gegen Wunder auf der Grundlage einer Definition von Wundern vor, die besagt, dass sie die Naturgesetze verletzten.[65] In einem deterministischen Universum kann das Geschehen von Wundern erklärt werden, indem behauptet wird, dass göttliche Gesetze (in islamischer Terminologie könnten wir diese Gesetze als *Sunnatullah* bezeichnen) weit allumfassender als Naturgesetze sind; und somit können wir sagen, dass die Verletzung von Naturgesetzen in bestimmten Situationen, wie zum Beispiel beim Auftreten eines Propheten, in keinem Widerspruch zu den Gesetzen steht, die Gott selbst errichtet hat (oder zu seiner eigenen Natur), wie Spinoza oder Schleiermacher es dachten. Diese Situation gleicht der, wenn eine Maschine, die in einer Fabrik gemäß den mechanischen Gesetzen arbeitet, einmal innerhalb von einigen Jahren angehalten wird, um Wartungsarbeiten auszuführen, womit eine gänzlich andere Situation als die übliche geschaffen wird, ohne dass dabei deterministische Gesetze, welchen die Maschine unterworfen ist, gebrochen werden.

Zusätzlich können Wunder auf eine Leibnitz'sche Art erklärt werden, ohne dass sie eine Verletzung der vorgefertigten Harmonie und der Naturgesetze eines deterministischen Universums wären. Manche haben diesen Leibnitz'schen Ansatz mit dem Deismus durcheinandergebracht; wir glauben, dass dies völlig falsch ist. Üblicherweise sieht der Deismus vor, dass Gott das Universum

---

[65] David Hume, *An Enquiry Concerning Human Understanding*, Oxford, Oxford University Press, 1999, 10tes Kapitel.

erschafft und danach ziemlich uninteressiert daran ist, was weiter im Universum geschieht. Diesem Ansatz nach ist Gott andererseits der Erschaffer jedes zeitlichen Moments; er hat jeden dieser Momente im Vorhinein gestaltet. Da es daher keinen einzigen Moment gibt, in welchen Gott nicht eingreift, wäre es völlig falsch, dieses Konzept über Gott mit dem Deismus zu vermengen. Denn für Gott, der alles schon vor 15 Milliarden Jahren (zum Zeitpunkt des Big Bang) im Vorhinein wusste, macht es keinen Unterschied, ob er vor 15 Milliarden Jahren eingriff oder vor wenigen Sekunden. Besonders nachdem Einstein mit seiner Relativitätstheorie nachgewiesen hat, dass die Zeit relativ ist,[66] gibt es zwischen 15 Milliarden Jahren und einigen Sekunden keinen besonderen Unterschied. Für jene, die glauben, dass Gott in jedem Punkt des Raumes eingreift, auch wenn er transzendent außerhalb des Raumes ist, sollte es kein Problem sein zu glauben, dass Gott zu jedem Zeitpunkt einzugreifen vermag, auch wenn er transzendent außerhalb der universellen Zeit ist. Wenn wir die Teilung des Meeres durch Moses als Beispiel nehmen, welches von allen drei theistischen Religionen als „ein Wunder“ gesehen wird, können wir auf der Grundlage dieses Ansatzes sagen, dass Gott das Wasser gerade rechtzeitig für Moses‘ Durchgang geteilt hat, weil er dies am Anfang des Universums so geplant hat, indem er die physikalischen Gesetze zum Einsatz brachte, die auch bei der Regulierung der Gezeiten zum Einsatz kommen, ohne irgendein deterministisches Gesetz gebrochen zu haben. Jedenfalls ist es die Absicht all dieser Ansätze, Wunder zu erklären, die nach der Erschaffung des Universums aus dem Nichts die außergewöhnlichste Art göttlichen Eingriffs in einem deterministischen Universums sind. Dennoch verschafft uns ein indeterministisches Universum, wie wir auf den nächsten Seiten sehen werden, neue Möglichkeiten, um göttliches Eingreifen wie Wunder zu erklären.

---

[66] Albert Einstein, *Izafiyet Teorisi (Reality, The Special and The General Theory)*, übersetzt von: Gulen Aktas, Istanbul, Say Yayinlari, 2001.

Verschiedenen Zugänge zum Unschärfenprinzip der Quantentheorie

Wir können sagen, dass Einstimmigkeit herrscht in Bezug auf die Zugänge zur Physik des Entropie-Gesetzes und der Relativitätstheorie. Philosophen und Theologen haben verschiedene einander widersprechende Interpretationen dieser Theorien vorgebracht, trotz der gemeinsamen Annahmen aus dem Blickwinkel der Physik. Was die Quantentheorie anbelangt, gibt es keine Einstimmigkeit die Physik betreffend. Die philosophischen und theologischen Interpretationen jener, welche den einen oder anderen Zugang einer physikalischen Interpretation dieser Theorie akzeptieren, sind auch untereinander verschieden. Es können nicht nur die philosophischen und theologischen Interpretationen jener untereinander variieren, die denken, dass diese Theorie auf ein objektives indeterministisches Universum verweist, sondern es unterscheiden sich auch die philosophischen und theologischen Meinungen jener, die damit nicht einverstanden sind.

Zurzeit liefert diese Theorie nur die Grundlage für probabilistische Interpretationen. Wir können einschätzen, wann ein bestimmtes radioaktives Element, das aus vielen Atomen besteht, zerfällt. Nach Heisenbergs Unschärfeprinzip gilt, dass, je genauer die Position eines subatomaren Teilchens bestimmt wird, dessen Geschwindigkeit umso unbestimmbarer wird; je genauer wir dessen Geschwindigkeit bestimmen, umso unbestimmbarer wird dessen Position. Selbst die berühmtesten Wissenschaftler auf dem Gebiet der Physik sind sich darüber uneinig, ob diese Unbestimmbarkeit aus einer ontologischen, tatsächlich existierenden Unbestimmtheit herrührt oder aus einer Unbestimmtheit, die unserer erkenntnistheoretischen, epistemologischen Lage entspringt.

Wir können diese unterschiedlichen Ansichten auf der Grundlage von Barbours Einteilung in drei Gruppen klassifizieren:[67]

1- Unbestimmtheit aufgrund unserer Unwissenheit: Besonders jene, welche dem deterministischen Modell des Newton'schen Ansatzes folgen, sind der Meinung, dass die Unbestimmtheit der subatomaren Welt nicht die ontologische Wirklichkeit wiedergibt. Planck, Penrose und Einstein sind die bedeutendsten Vertreter dieser Ansicht. Einsteins berühmter Ausspruch: "Gott würfelt nicht"[68] wollte die Unmöglichkeit zum Ausdruck bringen, dass in der subatomaren Welt eine ontologische Unbestimmtheit herrsche. Einstein, Podolsky und Rosen behaupteten, dass unsere die subatomare Welt betreffenden Theorien unvollständig seien und dass es verborgene Variablen geben müsse, die uns nicht bekannt seien.[69] Dieser Ansicht nach liegt in unserer Unwissenheit der Grund für diese Unbestimmtheit; die Tatsache, dass die Quantentheorie in Möglichkeitsbegriffen ausgedrückt ist, rührt nicht von der Tatsache her, dass in der wirklichen Welt probabilistische Gesetze vorherrschen, da in der wirklichen Welt Geschehnisse innerhalb des Rahmens deterministischer Gesetze ablaufen.

2- Unbestimmtheit aufgrund experimenteller und konzeptueller Beschränkungen: Diese Ansicht kann bedeuten, dass es die Unbestimmtheit nicht wirklich gibt, aber auch, dass die subatomare Welt für uns unerreichbar ist und wir nicht wissen können, ob objektiver Determinismus oder Indeterminismus existiert. Diese Ansicht wird als die Projektion von Kants Aussage in der

---

[67] Ian Barbour, *Religion in an Age of Science*, New York, Harper and Row Publishers, 1991, S. 101-104.

[68] Albrecht Fölsing, *Albert Einstein*, übersetzt von: Ewald Osers, New York, Penguin Books, 1997, S. 585.

[69] Albert Einstein, B. Podolsky, N. Rosen, Can Quantum-Mechanical Description of Physical Reality Be Considered Complete?, *Physical Review* 4, 1935, S. 778-779.

modernen Physik erachtet, dass das „Ding an sich" nicht erreicht werden kann.[70]

Gleichzeitig ist dies ein Ausdruck der Tatsache, dass mit der Quantentheorie sich der erkenntnistheoretische Ansatz der klassischen Physik, in welchem die Rolle der beobachtenden Person als unerheblich gesehen wurde, geändert hat. Jene mit dieser Ansicht erklären, dass die Interaktion zwischen dem Beobachter und dem Objekt der Beobachtung in der Experimentalphase zu einem ungewissen Resultat führt. Nehmen wir an, dass ein Elektron beobachtet wird; für uns sollten, wenn sonst schon nichts zu sehen ist, wenigstens vom Elektron reflektierte Lichtquanten zu beobachten sein. Auch wenn wir den Mond betrachten möchten, muss von diesem Licht reflektiert werden, um von unseren Augen wahrgenommen zu werden, wobei auf der Makroebene dieser Effekt zu unbedeutend ist, als dass er in der Lage wäre, entweder die Position oder die Geschwindigkeit des Mondes zu beeinflussen. Auf Mikroebene allerdings beeinflusst das Lichtpartikel, welches vom Elektron reflektiert wird, sowohl die Position als auch die Geschwindigkeit des Elektrons und somit das Ergebnis unserer Beobachtung. Demzufolge sollten wir bei Beobachtungen auf subatomarer Ebene eine Erkenntnistheorie entwickeln, welche auch den Einfluss des Beobachters berücksichtigt. Allerdings sind die indeterministischen Aspekte der Quantentheorie nicht nur auf diese Art der Beobachtungen beschränkt; es gibt indeterministische Situationen wie die Zeit, wenn radioaktive Elemente zerfallen, die nicht mit dem Einfluss des Beobachters erklärt werden können.[71]

---

[70] Immanuel Kant, *The Critique of Pure Reason*, S. 129-159.

[71] Ian Barbour, *Issues in Science and Religion*, New York, Harper and Row Publishers, 1971, S. 301-302.

Der Anspruch, dass Unbestimmtheit aufgrund der beschränkten Natur unserer Konzepte auftritt, ist nichts anderes als die Wiederholung von Kants Ansicht, nach der der menschliche Geist der äußeren Welt seine eigenen Kategorien aufdrückt. Wir wählen die experimentelle Situation und den konzeptuellen Rahmen (Welle oder Teilchen; Position oder Geschwindigkeit) innerhalb derer wir die Lage des Elektrons einschätzen. Gemäß Barbour ist dies ein agnostischer Ansatz, was bedeutet, dass wir nicht verstehen können, ob die subatomare Welt durch Determinismus oder Indeterminismus bestimmt wird.[72]

3 - Unbestimmtheit als Objektiver Indeterminismus: Nach dieser Sicht hat die indeterministische Natur der subatomaren Welt keinen Bezug zu unserer Unkenntnis der „verborgenen Variablen" oder zu erkenntnistheoretischen Defiziten oder Problemen wie unserer Schwäche in Hinblick auf bekannte Erfahrungen und Konzepte; Unbestimmtheit existiert als Realität in der Natur und es ist kein falscher Indeterminismus, den wir als erkenntnistheoretischen oder subjektiven Indeterminismus beschreiben könnten, sondern ein tatsächlicher ontologischer Indeterminismus. Heisenberg, der der berühmteste Vertreter dieser Ansicht war, sagt, dass das mathematische Diagramm der Quantentheorie als Erweiterung oder Änderung der klassischen Logik interpretiert werden sollte. Ihm gemäß verändert diese Theorie den „Satz des ausgeschlossenen Dritten", welcher eines der grundlegendsten Prinzipien der Logik ist.[73] Prigogine, dessen Name mit der Chaostheorie verbunden wird, brachte die Tatsache, dass sich Indeterminismus selbst der Physik aufdrängt, unabhängig von jeglicher metaphysischer oder philosophischer Präferenz zum Ausdruck.[74]

---

[72] Ian Barbour, *Religion in an Age of Science*, S. 102-103.

[73] Werner Heisenberg, ebd., S. 171.

[74] Ilya Prigogine, *The End of Certainty*, New York, The Free Press, 1997.

Allerdings glauben wir, dass Prigogine falsch liegt, wenn er sagt, dass sich Indeterminismus unabhängig von jeglicher metaphysischen Präferenz aufdrängt. In seinen Büchern wiederholt Prigogine ständig seine Abneigung gegen „Laplace's Dämon". Zum Beispiel sagt er Folgendes in seinem Buch, welches er mit Isabelle Stengers gemeinsam geschrieben hat:

„Trotzdem hat Laplace's Dämon seit Jahrhunderten unsere Vorstellung geplagt, indem er einen Albtraum gebracht hat, in welchem alle Dinge unbedeutend sind. Wenn es wirklich wahr wäre, dass die Welt derart ist, dass solch ein Dämon – am Ende doch ein Wesen wie wir, mit der gleichen Physik, doch mit schärferen Sinnen und gewaltigeren Fähigkeiten zur Berechnung – die Zukunft und Vergangenheit berechnen könnte, indem er von der Beobachtung eines momentanen Zustands ausgeht, wenn qualitativ die einfachen Systeme, die wir beschreiben können, durch nichts von den komplexeren, für welche ein Dämon erforderlich ist, unterschieden sind, dann ist die Welt nichts als eine gewaltige Tautologie. Dies ist die Herausforderung an die Wissenschaft, die wir von unseren Vorgängern ererbt haben, ein Fluch, den wir heute zu bannen haben."[75] Abschließend kann gesagt werden, dass die Antwort auf die Frage, warum Prigogine den Ansatz Heisenbergs dem Einsteins vorzog, nicht darin liegen kann, wie sich ihm die moderne Physik präsentierte; auf die gleiche Weise, wie Einstein die Lage betrachtete und eine Wahl traf, die im Einklang mit der Metaphysik seiner Wahl stand, wählte Prigogine eine Interpretation, die ebenfalls mit der Metaphysik seiner Wahl übereinstimmte und durch die er den Laplace'schen Dämon los wurde, über den er sich ständig beklagt hatte. Wie wir sehen können, befindet sich Popper in einer interessanten Lage.

[75] Ilya Prigogine, Isabelle Stengers, *Order out of Chaos*, New York, Bantam Books, 1988, S. 77.

Auch wenn er dem Heisenberg'schen Unschärfeprinzip, welches dem Indeterminismus im Bereich der Physik [76] die stärkste Unterstützung lieferte, widersprach, behauptete er die Überlegenheit des Indeterminismus gegenüber dem Laplace'schen Determinismus, den er - unabhängig von der Quantentheorie - als Bedrohung für den menschlichen freien Willen sah.[77]

Wenn Heisenberg und seine Anhänger beschrieben, was wir erkenntnistheoretisch wissen könnten, verwiesen sie auf die Tatsache, dass dies eine Beschreibung der ontologischen Wirklichkeit sei und behaupteten, dass die Unbestimmtheit nicht von unserem Nichtwissen oder unseren experimentellen oder konzeptuellen Beschränkungen herrühre, sondern dies der wahre Status der Natur sei. Diese Situation ist das Resultat eines Denkens, wie Polkinghorne es mit seiner Feststellung ausdrückte: *„Die Epistemologie formt die Ontologie"*, dass das, was wir wissen oder nicht zu wissen vermögen, als verlässlicher Leitfaden genommen wird für das, was tatsächlich der Fall ist.[78] Diese Strategie hat mit einem Unterschied zu Heisenberg auch Newton übernommen und zwar: Newton entwarf ein Modell des Universums, das deterministisch auf der Grundlage dessen war, was er wusste, wohingegen Heisenberg ein ontologisch indeterministisches Universum auf der Grundlage dessen vorsah, was er nicht wusste (Unbestimmtheiten). Während in einem deterministischen Universum der ontologische Status von Alternativen einer Unmöglichkeit gleicht, ist in einem indeterministischen Universum der ontologische Status von alternativen Ereignissen eine Möglichkeit. Auf gleiche Weise ist vom Blickpunkt einer Gott-Universum-Beziehung aus dem

---

[76] Karl R. Popper, *Bilimsel Arastirmanın Mantigi (The Logic of Scientific Discovery)*, übersetzt von: İlknur Aka, Ibrahim Turan, Istanbul, Yapı Kredi Kultur Sanat Yayincilik, 1998, S. 248-284.

[77] Ibrahim Turan, Istanbul, Yapı Kredi Kultur Sanat Yayincilik, 1998, S. 248-284.

[78] John Polkinghorne, *Science and Theology*, London, Fortress Press, 2003, S. 31.

ontologisch deterministischen Modell des Universums der Grund für das Erscheinen vieler philosophischer und theologischer Herangehensweisen und das ontologisch indeterministische Modell des Universums der Ausgangspunkt für viele neue philosophische und theologische Ansätze.

Gott als Bestimmer der Unbestimmten

Einige Atheisten interpretierten die Quantenunbestimmtheiten als die wissenschaftliche Grundlage für die Existenz eines „ontologischen Zufalls" im Universum, weit entfernt von jeglicher Art des Determinismus; dieser „Zufall" sollte sie vor einem materialistischen Fatalismus bewahren. Dieser Ansicht nach, auch wenn man beim gleichen Anfang des Universums beginnt, könnte der momentane heutige Zustand ein durchaus anderer sein; sogar die scharfsinnigste Intelligenz (der Laplace'sche Dämon) kann die Zukunft nicht vorhersehen, selbst wenn er in der Lage wäre, die Position und Geschwindigkeit aller materiellen Teilchen zu berechnen, da die Zukunft nicht vorherbestimmt ist.

Dieser Ansatz hat vielen Leuten eine optimistische Perspektive hinsichtlich der Tatsache gegeben, dass sie nicht eine vorgegebene Zukunft durchleben und dass sie tatsächlich über einen freien Willen verfügen. Gemäß dieser Auffassung vom Universum führt „A" nicht unbedingt zu „B"; es bestimmt eines von vielen möglichen Ergebnissen und daher mag auch „C" oder „D" so wahrscheinlich wie „B" sein. Unwahrscheinlichkeiten, die einem Atheisten als Zufälle vorkommen, werden von einigen theistischen Denkern als Lücken erachtet, durch die Gott das Universum beeinflusst. Dieser Ansicht nach bestimmt Gott das, was unbestimmt ist, und verursacht nach seinen Wünschen jegliche Art von Phänomenen und Wundern.

[79] John Polkinghorne, ebd., S. 89.

Demgemäß, wie Polkinghorne es ausdrückt, gibt göttlicher Einfluss Information in das System ein, ohne allerdings Energie in das System einzubringen; und deshalb kann dieser Effekt nicht wie eine physikalische Ursache angesehen werden.[79] Solch eine Definition göttlichen Eingreifens bestätigt, dass göttlicher Einfluss ausgeübt werden kann, ohne das „Energieerhaltungsgesetz" zu verletzen, welches der erste thermodynamische Hauptsatz ist. Jene, welche die Quantenunbestimmtheiten als etwas interpretieren, das innerhalb des Einflussbereiches Gottes liegt, folgen nicht irgendeiner neuen Art Natürlicher Theologie, da sie nicht versuchen, die Wahrhaftigkeit des theistischen Ansatzes auf der Grundlage wissenschaftlicher Ergebnisse aufzubauen. Dennoch folgen sie einer Theologie der Natur, wie Barbour dies ausdrückte.[80] Diese Auffassung zeigt uns, wie göttliches Eingreifen geschehen könnte, ohne Naturgesetze zu verletzen, doch behauptet sie nicht, dass die Wissenschaft göttliches Handeln beweise. Die Bedeutung dieses Ansatzes liegt in der Tatsache, dass er zeigt - und zwar gegen den Einwand, dass ein wissenschaftlicher Ansatz göttliches Eingreifen ausschließe -, wie ein Konzept vom Handeln Gottes in Übereinstimmung mit modernen wissenschaftlichen Daten (eine Theologie der Natur) aussehen könnte. Doch noch darüber hinaus gründet dieser Ansatz auf der Quantentheorie,[81] welche die Erfindung des Elektronenmikroskops, des Lasers, des Transistors und von Superleitern mit sich brachte und die viele wichtige Phänomene erklärte, wie den Atomaufbau, die elektrische Leitung und chemische Bindungen.

Auch wenn er durch das Werk einiger ihm vorangegangener Philosophen wie Karl Heim[82] beeinflusst war, gilt der Physikprofessor

---

[80] Ian G. Barbour, *When Science Meets Religion*, New York, Harper San Francisco, 2000, S. 170.

[81] Paul Davies, *ebd.*, S. 101.

[82] Karl Heim, *The Transformation of the Scientific World View*, London, SCM, 1953.

und Priester William Pollard als der erste, der behauptet hat, dass göttliches Handeln durch die Determinierung von Quantenunbestimmtheiten geschieht. Seiner Meinung nach handelt Gott im Universum, indem er alle Quantenunbestimmtheiten festlegt. Die Gesetze des Universums sind nicht deterministisch, sondern probabilisitisch; indem Gott Quantenunbestimmtheiten festlegt, wählt Gott unter den Möglichkeiten und lenkt das Universum.[83] Dieser Ansicht nach gibt es Indeterminismus im Universum, doch in dem Moment, in welchem wir Gott in die Ontologie miteinschließen, erhalten wir erneut eine deterministische Struktur. Dies zeigt, dass Einsteins Feststellung „*Gott würfelt nicht*" getroffen wurde, um die Tatsache zum Ausdruck zu bringen, dass Gott nichts dem Zufall überlässt und nicht gegen die objektive indeterministische Interpretation der Quantentheorie gebraucht werden sollte. Ein Konzept von Gott, welcher Quantenunbestimmtheiten bestimmt, zeigt uns, dass es keine Chance dafür gibt, dass Gott nicht Einfluss nimmt; Quantentheorie bedeutet nicht, dass Unbestimmtheiten auch für Gott solche sind.

Pollard ist sich des Problems bewusst, welches sich zwischen Gottes Bestimmung und dem freien Willen ergibt und er versucht dieses Problem durch eine Analogie zu lösen, welche durch die Quantentheorie formuliert wird. Wie wir bereits gesagt haben, stellt Niels Bohrs Komplementaritätsprinzip Teilchen und Wellen vor, die wie Gegensätze aussehen, die wie zwei verschiedene Versionen der gleichen Wirklichkeit sind, die einander ergänzen. Von den Beobachtungen ausgehend, die das Komplementaritätsprinzip untermauern, welches in der physischen Welt zeigt, dass Gegensätzlichkeiten sehr wohl koexistieren können, geht Pollard zur Beobachtung weiter, dass Gottes Bestimmung (oder Vorsehung) und freier Wille koexistieren könnten, auch wenn

[83] William Pollard, *Chance and Providence: God's Action in a World Governed by Scientific Law*, London, Faber and Faber, 1958.

dies paradox aussieht.[84] Dieser Interpretation nach ist auf gleiche Weise, wie die Teilchen- und Wellen-Dualität nur dem Anschein nach, aber nicht in Wirklichkeit ein Widerspruch ist, auch die Dualität zwischen göttlicher Vorsehung und freiem Willen nur dem Anschein nach, aber nicht in Wirklichkeit ein Widerspruch.

Pollard war der wichtigste Führer in der theologischen Interpretation der Quantentheorie, doch niemand teilte seine theologische Interpretation dieser Theorie. Zum Beispiel glaubt Arthur Peacocke, dass Quantenunbestimmtheiten auch für Gott unbestimmt seien; und deshalb könne Gott nicht die Zukunft kennen; Gott wäre einiges Risiko bei der Schöpfung eingegangen und hätte sich selbst beschränkt.[85] An diesem Punkt wäre es sinnvoll sich daran zu erinnern, dass Peacocke ein Pantheist war.[86] Nach Peacockes Ansicht gibt es eine Beziehung zwischen der göttlichen Natur und den Gesetzen des Universums; auch Spinoza hat die gleiche Beziehung festgestellt, doch konstruierte er aufgrund der Eigenheiten der Physik seiner Zeit eine Beziehung zwischen dem Determinismus im Universum und der göttlichen Natur. Peacocke anderseits etablierte mit Unterstützung der Quantentheorie eine Beziehung zwischen Indeterminismus und göttlicher Natur. Dieser Ansicht nach erschafft Gott die universalen Phänomene nicht durch die Determinierung von Unbestimmtheiten oder durch die Verletzung von Naturgesetzen, da Peacocke denkt, dass dies eine Unterscheidung zwischen Natur und Gott schaffe und uns zu inakzeptablen Schlussfolgerungen hinsichtlich des Prob-

---

[84] William Pollard, *ebd.*, S. 138-148.

[85] Arthur R. Peacocke, *Theology for a Scientific Age*, London, SCM, 1993.

[86] Dem Pantheismus gemäß ist Gott dem Universum immanent und somit ist er all das Universum, doch gleichzeitig ist er mehr als das Universum.

lems des Bösen führe.[87] Es gibt einen wesentlichen Unterschied zwischen der Aussage, dass es den ontologischen Indeterminismus im Universum gibt, dem Gott nicht unterworfen ist und der Aussage, dass es eine indeterministische Struktur gibt, der auch Gott unterworfen ist. Jene, die Pollards Ansichten teilen, denken, dass ein ontologischer Indeterminismus nur innerhalb des Universums existiere.

Ihm gemäß gibt es, da Gott die Lücken innerhalb des Indeterminismus' schließt, tatsächlich keine Lücken; oder anders gesagt gibt es gar keinen Indeterminismus von einem ontologischen Standpunkt aus, der Gott miteinschließt. Andererseits ist für jene, die Peacockes Ansicht teilen, der ontologische Indeterminismus weitfassend genug um zu existieren, auch wenn Gott in der Ontologie miteingeschlossen ist. (Peacocke versuchte die Ansicht von einem Gott, der aktiv genug ist, um ständig zu erschaffen, mit einer Ansicht eines Gottes zu versöhnen, der die Zukunft nicht kennt.) Andere, wie Thomas Tracy[88] und Robert Russsel[89] sagten, dass Gott nur einige Quantenlücken fülle und sie behaupteten, dass im Universum ontologischer Indeterminismus sei.

---

[87] Arthur R. Peacocke, *ebd.*, S. 141-145. Wenn auch nach Whiteheads Ansichten sogar für Gott die Zukunft unbestimmt ist – selbst wenn Gott alle möglichen Möglichkeiten kennt, gibt es dennoch keinen Determinismus im Universum und der ontologische Zufall ist existent – hat er die Art und Weise beeinflusst, wie das Problem des Bösen von den Philosophen, die nach ihm kamen, aufgenommen wurde.

[88] Thomas F. Tracy, Particular Providence and the God of the Gaps, in *Chaos and Complexity*, herausgegeben von Robert John Russell, Nancey Murphy, Arthur R. Peacocke, Indiana, Vatican Observatory Publications and The Center for Theology and the Natural Sciences, 2000, S. 289-324.

[89] Robert John Russell, Does "The God Who Acts" Really Act? New Approaches To Divine Action, in *Theology Today* 54, 1997, S. 43-65.

Kann die Quantenunbestimmtheit das Problem des freien Willens lösen?

Jene, welche eine Gottessicht gemäß dem Theismus präsentieren möchten oder anders gesagt: die Ansicht eines allwissenden und allmächtigen Gottes präsentieren möchten, akzeptieren die Vorstellung eines Gottes, der alle Quantenunbestimmtheiten bestimmt. Sie leugnen aber auch nicht die damit verknüpften Probleme des freien Willens und des Bösen und verteidigen ihre These, indem sie eine Analogie mit dem Komplementaritätsprinzip in der Quantentheorie aufstellen wie Pollard dies machte, und durch die Behauptung, dass augenscheinliche Widersprüche koexistieren könnten, und auch damit, wie es Nancey Murphy[90] machte, dass Gott alle Unbestimmtheiten bestimmen könne, ohne den freien Willen des Menschen zu verletzen (indem auf der Quantenebene in einer unbelebten Welt agiert würde oder auf der geistigen Verstandesebene). Wir können Pollards Position mit Malebranchs Okkasionalismus vergleichen. Andererseits gibt es jene, die dachten, dass dieser Ansatz nicht ausreiche, um die Probleme des freien Willens und des Bösen zu lösen, die den universellen Indeterminismus so erweiterten, dass dieser Gott mit einschloss und behaupteten, dass Gott nicht alle Unbestimmtheiten determiniere. Wir glauben, dass es richtiger ist, sich für den ersten dieser beiden Ansätze zu entscheiden. Wir glauben, dass die Annahme, dass Gott Unbestimmtheiten erschaffen habe, die selbst ihm nicht bekannt sind, aus der Sicht des Theismus inakzeptabel sind, selbst wenn gesagt wird, dass dies aufgrund seiner eigenen Entscheidung geschah. Andererseits sind wir auch der Auffassung, dass wir das Problem des freien Willens nicht lösen können, wenn wir

---

[90] Nancey Murphy, Divine Action in the Natural Order: Buridan's Ass and Schrödinger's Cat, in *Chaos and Complexity* herausgegeben von: Robert John Russell, Nancey Murphy, Arthur R. Peacocke, Indiana, Vatican Observatory Publications and The Center for Theology and the Natural Sciences, 2000, S. 325-357.

annehmen, dass Gott die Zukunft nicht vorhersehen könne oder durch die Vorstellung eines Modells, welches das Handeln Gottes beschränkt. Wir haben bereits gesehen, dass das Problem des freien Willens für die Atheisten mindestens ebenso existiert wie für die Theisten, da die Tatsache, dass Laplace's Dämon die Zukunft voraussehen könne, ein existenzieller Albtraum für Atheisten ist. Wir sind der Meinung, dass, selbst wenn wir als Tatsachen akzeptierten, dass universeller Indeterminismus nicht nur aus einer epistemologischen Situation erwächst, und dass ontologischer Indeterminismus die tatsächliche Struktur des Universums ist, wir immer noch skeptisch dem Prigogine'schen Optimismus der Tatsache gegenüber sein müssen, dass das Problem des freien Willens gelöst werden könne.

Bestimmte Philosophen haben eine Beziehung zwischen der Quantentheorie und den Prozessen im menschlichen Geist hergestellt. Penrose ist zum Beispiel einer jener, die denken, dass die Geheimnisse der Quantentheorie nützlich sein können, um die Geheimnisse des menschlichen Geistes zu entschlüsseln.[91] Unter jenen, die detaillierte Ansätze entwickelten, um die Gebiete der Quantentheorie, des menschlichen Geistes und des göttlichen Handelns zu vereinen, ist George Ellis einer der wichtigsten. Ellis versuchte zu zeigen, dass die Offenbarung und Inspiration Gottes dadurch geschehen könne, dass Gott die Quantenunbestimmtheiten im menschlichen Geist festlege, ohne Naturgesetze zu verletzen.[92] Demgemäß ermöglichen Quantenlücken eine physikalische Erklärung der Art und Weise, wie die Beziehung zwischen Gott

---

[91] Roger Penrose, *Buyuk, Kucuk ve Insan Zihni (The Large, The Small and Human Mind)*, übersetzt von: Cenk Turkman, Istanbul, Izdusum Yayinlari, 2003, S. 67-109.

[92] George F.R. Ellis, The Theology of the Anthropic Principle, in *Quantum Cosmology and the Laws of Nature*, herausgegeben von: Robert John Russell, Nancey Murphy, C. J. Isham, Indiana, Vatican Observatory Publications and The Center for Theology and the Natural Sciences, 1993, S. 196-198.

und den Menschen errichtet hätte werden können; da das Gehirn wie alle Materie aus Atomen und subatomaren Teilchen aufgebaut ist, könnten Eingriffe auf Quantenebene einzelne Gedanken und Gefühle erschaffen.

Im Gegensatz zum allgemeinen Ansatz, der den Bottom-up-Effekt der Quantentheorie zeigt, erwähnt Ellis die Top-down-Veränderungen, die durch den menschlichen Geist und den Einsatz des menschlichen Körpers zustande kommen. Für wichtig erachtet Ellis seinen Ansatz aus der Sicht des Problems des freien Willens und in den Belangen der Ethik, die damit verknüpft sind.[93] Er ist der Meinung, dass der deterministische Ansatz der klassischen Physik, der keine Lücke in der Natur zulässt, nicht die Art und Weise erklären kann, wie das besondere göttliche Handeln innerhalb des Rahmens der Naturgesetze geschieht und nur die Quantentheorie das Potential für diese Erklärung hat.[94] Ellis versuchte, das göttliche Handeln auf einer geistigen Ebene mit der Existenz des menschlichen freien Willens zu versöhnen. Das Ergebnis davon ist, dass Ellis' Ansatz sehr wichtig ist, da er eine Bemühung darstellt, ein Modell anzubieten, wie göttliches Handeln auf der Ebene des menschlichen Geistes geschehen kann, ohne die Naturgesetze zu verletzen. Dennoch kann auch sein Ansatz, wie alle anderen theistischen und atheistischen Ansätze, die Paradoxien nicht auflösen, die mit dem freien Willen verbunden sind.

Es ist wichtig, sehr vorsichtig zu analysieren, wie kohärent wir bleiben können, wenn wir sagen, dass eine Person auch in einem indeterministischen Universum einen freien Willen haben kann,

---

[93] George F.R. Ellis, Ordinary and Extraordinary Divine Action, in *Chaos and Complexity* herausgegeben von: Robert John Russell, Nancey Murphy, Arthur R. Peacocke, Vatikan Observatory Publications and The Center for Theology and the Natural Sciences, 2000, S. 376-377.

[94] George F. R. Ellis, *ebd.*, S. 361.

wenn die Leute durch die physikalischen Umstände determiniert wurden, die ihnen vorangehen. Pollard, Murphy und jene, die ihrer Meinung waren, zeigten nicht, wie das Problem des freien Willens gelöst werden könnte; durch die Aussage, dass die Existenz von freiem Willen in Übereinstimmung mit Gottes Bestimmung der universellen Unbestimmtheiten sein kann, äußerten sie dennoch eine Ansicht, die sich mehr mit der klassischen theistischen Vorstellung von Gott deckte. Andererseits sind auch die Bemühungen jener, die göttliches Handeln beschränken, um auf diese Weise in der Lage zu sein, das Problem des freien Willens und die sich daraus ergebenden Probleme des Bösen zu lösen, nicht nur nicht ausreichend, um die oben erwähnten Probleme zu lösen, sondern sie befinden sich auch nicht auf der Linie der theistischen klassischen Gottesvorstellung. Das Problem des freien Willens der Menschen ist nicht nur mit der Frage verbunden, ob das Universum eine deterministische Struktur hat oder nicht; es ist mit dem „essentiellen Wesen" des menschlichen Geistes (oder Seele) verbunden und ob auf dieser Ebene ein Determinismus herrscht oder nicht.

Die heutige Wissenschaft war bislang nicht in der Lage, das „Wesen" des Menschen zu erklären und es ist immer noch möglich zu behaupten, dass es im Menschen eine Substanz (Seele) gibt, die sich von seiner sonstigen materiellen Substanz unterscheidet; wenn diese Meinung korrekt ist, bedeutet dies, dass aufgrund einer undurchdringlichen, nicht-materiellen Substanz, das Problem des menschlichen „Wesens" niemals gelöst werden wird. Selbst jene, die andererseits behaupten, dass die Menschen nur aus Materie bestehen, anerkennen, dass das Gehirn sein Geheimnis bewahrt hat – und auch, wenn es aufgrund dieses Ansatzes so aussieht, als bestehe Hoffnung, in der Zukunft das Geheimnis des Gehirns zu lüften – bedeutet dies, dass das „Wesen" des Menschen nicht gelöst wurde. Zusätzlich sollte daran gedacht werden, dass es trotz des Vorhandenseins von physikalischen Umständen, die vorbestimmen, was Menschen sein werden, kein Übereinkommen in Bezug auf auch nur eine einzige Definition des freien Willens gibt (selbst wenn diese Umstände indeterministischer Natur wären), welches die Grundlage für eine Antwort auf die Frage wäre, ob ein freier Wille überhaupt möglich ist oder nicht. Jene, die ein Modell entwickelt haben, welches göttliches Handeln und Wissen beschränkt, um eine Grundlage für den freien Willen zu finden, um infolge das Problem des Bösen zu lösen, haben nicht nur das Problem, welches sie zu lösen versuchten, nicht gelöst, sondern sind auch von der theistischen Vorstellung von einem allwissenden und allmächtigen Gott abgekommen, um der Lösung für ein Problem willen, das sie nicht lösen konnten.

Das Problem des freien Willens wurde weder vom Theismus noch vom Atheismus gelöst. Wir sind der Meinung, dass dieses Problem nicht gelöst werden kann, da es im Theismus nicht nur auf eine Unlösbarkeit ankommt, die sich rein aus den Naturwissenschaften ergibt, sondern auch auf die Schwierigkeit, eine Grenze zwischen göttlichem Willen und menschlichem Willen zu bestimmen und gleichzeitig die menschliche Verantwortung zu berücksichtigen; im Falle des Atheismus andererseits, rührt die Unlösbarkeit von einem scheinbar unlösbaren Paradox her, das aus dem Problem besteht, von der Freiheit eines materiellen Wesens zu sprechen, welches durch von ihm unabhängige, äußere physische Umstände determiniert wird. Wir meinen, dass es keine Erklärung, sei sie theistischer oder atheistischer Natur, mit dem Ziel, das Problem des freien Willens und das damit verbundene Problem der Ethik zu lösen, geschafft hat, alle Paradoxien aufzulösen und alle Einwände zu entkräften und dass dafür auch in Zukunft keine Hoffnung besteht. Wir glauben, dass es nicht möglich ist, das Problem des freien Willens auf Basis der Quantentheorie zu lösen, auch wenn wir es bedeutsam finden, dass die Tatsache, dass uns diese Theorie es innerhalb eines neuen Modells vom Universum ermöglicht, über Probleme nachzudenken, die mit dem freien Willen zu tun haben. Zudem sind wir auch der Auffassung, und das ist wichtig, dass die an der weitesten verbreiteten Interpretation dieser Theorie – ontologischer Indeterminismus – uns zeigt, dass göttliches Handeln ohne die Verletzung von Naturgesetzen geschehen kann.

Wunder mit Bottom-Up Interventionen

Wir können die Frage stellen, ob durch die Behauptung der Existenz eines bottom-up-Eingreifens, eines Ansatzes, welcher die Quantentheorie mit göttlichem Handeln vereint, die großen Veränderungen (Wunder) in der Welt erklärt werden können. Wir wollen uns zuerst an die Tatsache erinnern, dass alle Substanz im Universum aus Atomen und subatomaren Partikeln besteht und dass Eingriffe auf subatomarer Ebene im ganzen Universum geschehen. Dazu wurde auf der Grundlage der Chaos-Theorie gezeigt, dass etwas, das als eine sehr kleine Veränderung an einem Ende des Universums angesehen werden kann, große Veränderungen am anderen Ende des Universums verursachen kann. Nach diesem Ansatz, der als Schmetterlingseffekt bekannt ist, könnte der Flügelschlag eines Schmetterlings in London einen Wirbelsturm in Istanbul auslösen.[95] Wenn man nun konsequenterweise Gottes Eingreifen und sein das ganze Universum umfassende Wissen zusammenfügt, können wir erklären, wie ein Wirbelsturm von der Art, wie er in den heiligen Texten erwähnt ist, zustande gekommen sein könnte, um dadurch ganze Stämme durch eine Intervention zu vernichten, die einen Schmetterling veranlasst, seine Richtung zu ändern – durch einen Eingriff in den Geist des Schmetterlings auf Quantenebene oder durch die Erschaffung eines Luftzugs ebenfalls auf Quantenebene, der den Schmetterling

[95] James Gleick, *Chaos*, New York, Penguin Books, S.8.

seine Richtung ändern lässt. Der Effekt, der als Schmetterlingseffekt bezeichnet wird, kann auch „sensitive Abhängigkeit von initialen Bedingungen" genannt werden. Sogar bevor die Bedeutung dieser Sache durch die Physik erkannt wurde, haben ganz gewöhnliche Leute die Existenz solch eines Effektes durch den Gebrauch des gesunden Menschenverstands und durch einfache Beobachtungen erfasst. Die Folklore gibt dies wieder.

Durch den Wunsch nach einem Nagel wurde der Schuh verloren;

Durch den Wunsch nach einem Schuh wurde das Pferd verloren;

Durch den Wunsch nach einem Pferd wurde der Reiter verloren;

Durch den Wunsch nach einem Reiter wurde die Schlacht verloren;

Durch den Wunsch nach einer Schlacht wurde das Königreich verloren." [96]

In der Chaos Theorie wird der Schmetterlingseffekt im Rahmen von deterministischen Gesetzen studiert. Wenn wir die Chaos Theorie und die Quantentheorie[97] gemeinsam bedenken, können wir (indem wir den Indeterminismus in den Prozess integrieren) kleine Veränderungen, die zu großen Folgen führen könnten, zu erklären versuchen, indem wir sagen, dass Gott Indeterminiertes determiniert (Unbestimmtheiten bestimmt). Unserer Meinung

---

[96] "For want of a nail, the shoe was lost;
For want of a shoe, the horse was lost;
For want of a horse, the rider was lost;
For want of a rider, the battle was lost;
For want of a battle, the kingdom was lost."

[97] Viel wurde in den letzten 10-20 Jahren über die Bedeutung dieser beiden Theorien und die damit verknüpften Problematiken geschrieben.

nach ist es wichtig zu zeigen, welch bedeutsame Ergebnisse solches bottom-up-Eingreifen haben kann. Innerhalb weniger Stunden, was für uns kurz ist, gehen die kleinen Materiepartikel Quadrillionen Verbindungen durch Zusammenstöße mit anderen kleinen sie umgebenden Partikeln und mit ihrem Umfeld ein. Wenn, wie Heisenberg dachte, die Gesetze im Universum im Wesentlichen probabilistischer Natur sind, dann kann durch das Eingreifen in Möglichkeiten während Quadrillionen von Interaktionen ein großer Unterschied erzielt werden.

Nehmen wir das Beispiel einer Rakete, welche die Welt umkreist und zur selben Stelle zurückkehrt; wenn der Umlauf dieser Rakete auch nur um das Billionstel eines Grades abweicht, wird es nach der ersten Umkreisung keine große Differenz geben; nach einer Billion Umkreisungen gibt es eine Abweichung von einem Grad, nach 90 Billionen Umkreisungen ist die Abweichung schon so groß, dass der neue Orbit vertikal zum ursprünglichen verläuft, und nach 180 Billionen Umkreisungen verläuft der neue Orbit parallel, aber in umgekehrter Richtung wie ursprünglich. Kleine Änderungen, die bewusst an Möglichkeiten vorgenommen werden, verursachen große Änderungen und unerwartete Ergebnisse, wenn sie sehr oft wiederholt werden und die Möglichkeiten wissentlich in Hinblick auf ein bestimmtes Ziel ausgewählt werden.

Die Wahrscheinlichkeitsgesetze tauchten in der Welt der Physik zum ersten Mal gegen Ende des 19ten Jahrhunderts mit dem Entropiegesetz auf. Das Entropiegesetz ist der zweite Hauptsatz der Thermodynamik, welches eines der grundlegendsten Gesetze im Universum ist und das festhält, dass die Unordnung im Universum stetig zunimmt. Es gibt, ganz anders als bei der Quantentheorie, keine erheblichen Differenzen in der Interpretation des Entropiegesetzes; auch wenn dieses Gesetz mit Determinismus vereinbar ist, gibt es einen breiten Konsens über dessen probabilistische Struktur. Das Entropiegesetz tritt bei der Verteilung von Molekülen wie zum Beispiel bei Luftmolekülen in Erscheinung. Aufgrund des Aufeinanderprallens von Billiarden Molekülen können wir keine präzise Berechnung anstellen, um die genaue Raumposition eines einzelnen Moleküls nach einigen Stunden festzustellen; dennoch können wir auf der Grundlage von Wahrscheinlichkeitsberechnungen sicher sein, dass der Raum nicht ohne Luft sein wird. George Gamow sagt, dass wir $10^{299.999.999.999.999.999.999.999.998}$ Sekunden warten müssen, um die Luftmoleküle sich auf nur einer Seite des Raumes zusammenfinden zu lassen und die andere Hälfte ohne Luftmoleküle bleibt; wenn wir bedenken, dass das geschätzte Alter des Universums $[(4{,}354 \pm 0{,}007)\times]10^{17}$ Sekunden ist, verstehen wir, dass wir uns keine Sorgen darüber zu machen brauchen, ohne Luft zu bleiben, weil die Luftmoleküle sich in der anderen Hälfte des Raumes zusammengesammelt haben.[98]

Wollen wir uns ein imaginäres Ereignis vorstellen wie die Vernichtung einer Gruppe von Leuten, die versucht hat, einen Propheten zu töten, durch die Verlagerung von vor Ort vorhandenen Luftmolekülen an eine andere Stelle. Zweifellos würde solch ein Geschehen aus theistischer Sicht als Wunder betrachtet werden; dennoch geschähe das, was als Wunder angesehen wird, nicht durch eine Verletzung von Naturgesetzen, sondern durch die Verwirklichung von äußerst geringen Wahrscheinlichkeiten. Wir können auch an das Ereignis der Teilung des Meeres für Moses denken, welches in allen drei theistischen Religionen als „Wunder" gesehen wird. Aus physikalischer Sicht besteht das Meer aus einer immens hohen Anzahl von Molekülen, die sich willkürlich bewegen. Wenn wir nicht beobachten können, dass sich die Moleküle rechts von einer durchs Meer gezogenen Linie

---

[98] George Gamow, *1-2-3-Sonsuz (One, Two, Three…Infinity)*, übersetzt von: C. Kapkin, Istanbul, Evrim Yayınevi, 1995, S. 212-213.

alle nach rechts bewegen und die sich auf der linken Seite dieser gedachten Linie befindlichen Moleküle nach links bewegen, so ist der Grund dafür derselbe, aus dem wir, aufgrund der Verteilung der Luftmoleküle, nie ohne Luft bleiben; der Grund ist nicht, dass es solch ein Geschehen nicht geben könnte, sondern weil aus mathematischer Sicht die Wahrscheinlichkeit für das Eintreten solch einer Situation so niedrig ist, dass sie als ausgeschlossen gilt (in der Mathematik gilt, dass Wahrscheinlichkeiten unter 1 zu 10^{50} als unmöglich angesehen werden). Wenn wir sagen, dass in dem Moment, als Moses ans Meeresufer kam, alle Wassermoleküle rechts von Moses sich nach rechts bewegten und alle links von ihm nach links, mit dem Ergebnis, dass sich das Meer teilte, so beschreiben wir damit eher ein „Wunder", dessen Eintreffen eine sehr, sehr geringe Wahrscheinlichkeit aufwies als eine Verletzung von Naturgesetzen.

Es gibt einen wichtigen Unterschied zwischen der probabilistischen Struktur des Entropiegesetzes und der probabilistischen Struktur der Quantentheorie, der bei der Erklärung von Wundern auf der Basis dieser beiden betont werden muss. Die Definitionen von Wundern in den obigen Beispielen auf der Grundlage des Entropiegesetzes zeigen, dass sie in einem deterministischen Universum aufgrund einer Auswahl von Möglichkeiten geschehen können. Die Definitionen von Wundern auf der Grundlage der Quantentheorie andererseits zeigen, dass diese in einem indeterministischen Universum durch die Bestimmung von Unbestimmtheiten geschehen können. Im Entropiegesetz hängen die Wahrscheinlichkeiten und Zufälle von unseren erkenntnistheoretischen Umständen ab; in der Quantentheorie hingegen ist die Tatsache, ob Wahrscheinlichkeiten und Zufall erkenntnistheoretisch oder ontologisch sind, umstritten. In einem deterministischen Universum müssen wir, wenn wir das Konzept eines Gottes zulassen, der keine Naturgesetze verletzt, entweder akzeptieren, dass Gott bereits zum Zeitpunkt allen Anfangs all seine Interventionen im Universum getätigt hat wie im Leibnitz'schen Modell und dass sie, wenn die Zeit gekommen ist, wirklich werden. Wenn wir andererseits die Existenz objektiver Unbestimmtheiten im Universum akzeptieren wie dies in der am weitesten verbreiteten Interpretation der Quantentheorie der Fall ist, können wir ein Konzept über Wunder geltend machen, welches den Naturgesetzen nicht entgegensteht und das nicht Gottes Interventionen zum Zeitpunkt allen Anfangs erforderlich macht. Demgemäß könnten wir das Wirken von Wundern dadurch erklären, dass sich die Moleküle in den beiden auf dem Entropiegesetz basierenden Beispielen durch eine Festlegung der Unbestimmtheiten bewegen: Im ersten Beispiel werden die Luftmoleküle durch eine Bestimmung der Unbestimmtheiten bewegt und die Feinde des Propheten vernichtet. Im zweiten Beispiel andererseits werden die Wassermoleküle des Meeres durch eine Bestimmung der Unbestimmtheiten veranlasst, sich vor Moses nach rechts und links zu bewegen. Sowohl im Rahmen des Entropiegesetzes wie der Quantentheorie zu erklären, wie bestimmte Wunder geschehen sind, wird eine interessante Herangehensweise werden.

Wir sind nicht der Meinung, dass solch eine Herangehensweise aus theologischer Sicht nötig ist. Daher behaupten wir nicht, dass die Beispiele, die wir in diesem Artikel erwähnt haben, darüber, wie Wunder im Rahmen der Naturgesetze abgelaufen sein könnten, auch tatsächlich wiedergeben, wie die Dinge wirklich abgelaufen sind. Dennoch stellt uns diese Art der Erklärung von Wundern die erforderliche Antwort für Leute wie David Hume zu Verfügung, die die Möglichkeit von Wundern leugnen, weil sie sie als eine Verletzung der Naturgesetze deklarieren, indem sie behauptet, dass Wunder die Verwirklichung von geringen Wahrscheinlichkeiten bedeuten könnten, die den Naturgesetzen innewohnen und nicht unbedingt eine Verletzung dieser Gesetze bedeuten. Dazu kommt, dass dieser Ansatz solcher Art ist, dass er auf alle Einwände der Philosophen wie Spinoza und Schleiermacher antwortet, die aus theologischen Gründen die Vorstellung von Wundern als Verletzung von Naturgesetzen ablehnen.

Unsere Haltung zu Naturgesetzen unterscheidet sich vom Newton'schen und Einstein'schen Ansatz, der besagt, dass Naturgesetze exakt einem „Universum in sich selbst" entsprechen, und vom Hawking'schen Ansatz, der Naturgesetze als rein mathematische Modelle beschreibt, die die Produkte menschlichen Geistes sind,[99] und da er der Entsprechung zum „Universum in sich selbst" keine Bedeutung zuschreibt, fokussiert er sich nur auf eine Erklärung aufgrund von Beobachtungen. Wie wir erkennen können, sollte das Ziel der Wissenschaft eher in einer Newton'schen und Einstein'schen als in einer Hawking'schen Richtung liegen; allerdings machen es uns unsere Beschränkungen als Menschen unmöglich, „das Universum in sich selbst" genau zu verstehen. Deshalb begreifen wir uns als Teil einer kritisch-realistischen Klasse, in welcher Barbour sich selbst und Bohr sieht.[100] Demgemäß reflektieren Naturgesetze das „Universum in sich selbst" nur teilweise; Naturgesetze sind eine Annäherungen der Wahrheit, doch können sie uns nie das Gesamtbild der Wahrheit liefern.[101]

Wir sehen uns selbst als „kritische Realisten", weil eine „realistische" Konzeption der Wissenschaft nicht möglich ist, solange das

[99] Stephen Hawking, *Ceviz Kabuğundaki Evren (The Universe in a Nutshell)*; Stephen Hawking, *A Brief History of Time.*

[100] Ian G. Barbour, *Religion in an Age of Science*, S. 99.

[101] Wenn wir uns selbst als kritische Realisten definieren, beschränken wir das Ziel der Wissenschaft nicht darauf, nur zu verstehen, und wir schließen die Kontrolle der Natur und das Treffen von Vorhersagen von den Zielen der Wissenschaft nicht aus, wie Barbour dies machte.

Paradox zwischen Makrophysik und Mikrophysik nicht gelöst ist, und weil ein Ansatz, der die Realität eines „Universums in sich selbst" nicht berücksichtigt, wie dies typisch für jene ist, die wie Hawking denken, aus unserer Sicht inakzeptabel ist. Nach dem Newton'schen Ansatz ist der Wissenschaftler ein Entdecker; er findet und zeigt Gesetze auf, die darauf warten, entdeckt zu werden. Nach dem Hawking'schen Ansatz andererseits ist ein Wissenschaftler eher ein Erfinder, da die Naturgesetze nicht wie Objekte sind, die darauf warten entdeckt zu werden; sie sind Resultate des Geistes. Unserem Ansatz nach gibt es, auch wenn ein Wissenschaftler ein Entdecker sein könnte, wichtige Hindernisse in Bezug auf die vollständige Erfassung der Geheimnisse des Objektes. Unsere Lage kann mit der von jemandem verglichen werden, der ohne zu landen aus einem Flugzeug mit bloßem Auge auf ein Gebiet herabblickt; oder mit der eines Blinden, der durch Anfassen versucht, einen Elefanten wahrzunehmen, ohne ihn zu sehen; oder mit der eines Tauben, der die Noten einer Komposition liest, ohne in der Lage zu sein, die Musik zu hören. Wie wir das sehen, versorgen uns unsere wissenschaftliche Theorien mit Informationen über das „Universum in sich selbst", doch ausreichend ist diese Präsentation nicht; die Lage mag nicht ganz so tragisch sein, wie unsere Beispiele dies vermitteln, doch wir sind davon überzeugt, dass wir, bezogen auf die wissenschaftlichen Theorien, der Wahrheit näher sind als der Laplace'sche Optimismus.

Schlussfolgerung

Es hat den Anschein, dass die Behauptung der Unmöglichkeit göttlichen Eingreifens im Lichte der Datenlage moderner Wissenschaft unhaltbar ist. Durch die Bestimmung von Unbestimmtheiten auf Quantenebene können Wunder, wie sie vom Theismus beansprucht werden, und auch radikale Veränderungen im Universum erklärt werden. Diese Aussicht soll uns nicht zur

Schlussfolgerung verleiten, dass das Handeln Gottes absolut auf diese Weise geschehen muss, obgleich sie dennoch wertvoll ist, da sie im Rahmen der Datenlage moderner Wissenschaft die Möglichkeit zeigt, dass Wunder und göttliches Handeln ohne die Verletzung von Naturgesetzen geschehen können. Dieser Ansatz muss berücksichtigt werden, denn er erlaubt uns David Humes Beschreibung zu korrigieren, gemäß der Wunder eine Verletzung von Naturgesetzen darstellen, und der auch die Korrektur von Spinozas und Schleiermachers theologischen Einwänden erlaubt, gemäß der Wunder ein Widerspruch zu Gottes eigener Natur und den Naturgesetzen sind.

Und doch wäre es falsch zu behaupten, dass dieser Ansatz das Problem des freien Willens löst oder dass Gott ganz gewiss seine Wunder auf diese Art und Weise gewirkt hat. Wie wir sehen, löst kein Ansatz, sei er theistisch oder atheistisch, das Problem des freien Willens auf zufriedenstellende Art. An diesem Punkt sollte sich die theistische Verteidigung in der Argumentation auf die Feststellung beschränken, dass der Atheismus im Problem des freien Willens genauso gefangen ist wie der Theismus, und auch wenn die theistischen Ansätze auf diesem Gebiet weder bewiesen, noch konkret begründet werden können, kann doch auch niemand anders Anspruch auf ein Erklärungsmodell anmelden. Wenn wir als Anfangspunkt die Tatsache nehmen, dass es im Universum einen ontologischen Indeterminismus gibt, können neue Perspektiven auf den freien Willen entwickelt werden, und, wie im Fall von Kants dritter Antinomie, Anpassungen auf den Weg gebracht werden, wie dieses Problem anzupacken ist, indem ein deterministisches Universum angenommen wird. Dennoch können Quantenunbestimmtheiten – weder für den Theismus noch für den Atheismus – die Frage bezüglich des freien Willens eines Geschöpfs beantworten, welches aufgrund von Ursachen erschien, die ihm vorausgingen. Es könnte behauptet werden, dass der Theismus einen Vorteil gegenüber dem Atheismus hat, soweit dies die Lösung dieses Problems betrifft, weil er auf die göttliche Vorsehung oder die Geheimnisse der Seele verweisen kann; andererseits jedoch liegt das Problem des Theismus darin, festzulegen, wann göttlicher Wille endet und des Individuums freier Wille beginnt und wie die Macht Gottes mit des Menschen Verantwortlichkeit in Einklang zu bringen ist.

Mit dem Anspruch, dass Gott seine Wunder im Rahmen der Naturgesetze durch die Fixierung von Quantenunbestimmtheiten gewirkt haben könnte, haben wir nur eine Möglichkeit aufzuzeigen versucht. Dass etwas möglich ist, heißt noch nicht unbedingt, dass es auch absolut auf diese Weise geschehen sein muss. Ein wissenschaftlicher Ansatz kann Wunder, die in der Geschichte oder in der Erfahrung bestimmter Personen verborgen liegen, weder belegen noch widerlegen. Unserer Ansicht nach wäre die kohärenteste Herangehensweise, dass ein Theist gegenüber der Art und Weise, wie Wunder geschehen sind (nicht in Bezug darauf, ob oder ob sie nicht geschehen sind), agnostisch bleiben sollte, denn wir haben nicht nur keine wissenschaftlichen Informationen darüber, wie Gott seine Wunder gewirkt hat, sondern wir können auch eine theologische Annahme wie die von Spinoza nicht rechtfertigen, dass Gott die Naturgesetze nicht verletze. Spinozas Annahme, dass „Gott keine Naturgesetze verletze“ und die Leugnung von Wundern trägt implizit zwei Vermutungen in sich; die erste ist theologischer Natur und nimmt an, dass wir alle Gesetze/Weisheiten Gottes kennen, und die zweite ist wissenschaftlicher Natur und nimmt an, dass wir alles über das „Universum in sich selbst“ durch die Naturgesetze wissen. Diese zweite Annahme war ein weit verbreitetes Missverständnis im19ten Jahrhundert. Erstens wäre es ziemlich naiv, alle göttlichen Gesetze, alle göttliche Weisheit mit den Naturgesetzen der Physik zu vermengen. Wenn wir die Tatsache akzeptieren, dass alles göttliche Gesetz und göttliche Weisheit einen weiteren Geltungsbereich als die Gesetze der Physik haben, verlieren sämtliche theologischen Einwände in Bezug auf die Tatsache all ihre Gültigkeit, dass es eigenartig wäre, dass Gott einerseits Gesetze erlässt, die er anderseits bricht. Keiner denkt, dass ein König, der seine Wachen angewiesen hat, die Leute an den Toren seines Palastes abzuweisen, seine Gesetze gebrochen hat, wenn die Wachen einen außergewöhnlichen Besucher zu ihm vorlassen, selbst wenn er solch ein Gesetz nicht zuvor erlassen hat; Leute, die die allgemeine Haltung der Wachen beobachten, haben in diesem Fall selbst ein Gesetz erlassen, das sogar für den König „bindend" ist! Gemäß einem weitestgehend akzeptierten theistischen Ansatz sind Naturgesetze noch loyaler als des Königs Diener; zu behaupten, dass diese Diener das göttliche Handeln beschränkten, ist aus theologischer Sicht unannehmbar. Mit solch einem Ansatz könnte behauptet werden, dass unter gewissen Umständen das Wirken von Wundern unter Aussetzung der Naturgesetze oder dem üblichen Ablauf der Dinge, ein Teil des göttlichen Systems sein könnte; solches machte eine Erklärung von Wundern ohne eine Verletzung der Naturgesetze unnötig.

Weil eine Person, die stets auf Meereshöhe lebte und ihre Experimente, Wasser zu kochen, auf dieser Höhe ausführte, sich nicht vorstellen kann, dass die Temperatur, bei welcher Wasser zu sieden beginnt, sich in größerer Höhe ändert, wird sie davon ausgehen, dass die Gesetze, welche sie auf Meereshöhe gefunden hat, im ganzen Universum Gültigkeit besitzen; wenn sie eines Tages auf einen Berg steigt und beobachtet, dass sich die Siedetemperatur geändert hat und immer noch denkt, dass die Gesetze auf Meereshöhe universelle Gültigkeit haben, wird sie zum Schluss kommen, dass diese Gesetze verletzt wurden. Bestimmte Menschen, welche die Geheimnisse der göttlichen Weisheit und Gesetze nicht zu durchdringen vermögen, mögen glauben, dass die Gesetze, die ihnen bekannt sind (Teile der Naturgesetze), sämtlichen universellen Gesetzen entsprechen. Aus all diesen Gründen können wir nicht sagen, dass ein deterministisches Modell des Universums unbedingt zum Ergebnis der Unmöglichkeit von Wundern kommen muss, oder dass wir nicht an Wunder glauben können, solange es nicht einen Ansatz wie Heisenbergs Unschärfeprinzip gibt, der besagt, dass es Lücken in der Art und Weise gibt, wie das Universum arbeitet. Wir sollten auch im Gedächtnis behalten, dass es einen Ansatz gibt, demgemäß die indeterministische Interpretation der Quantentheorie bestreitbar ist und dass es keinen ontologischen Indeterminismus im Universum gibt, da Indeterminismus in unseren erkenntnistheoretischen Beschränkungen seine Ursache findet. Wenn es „verborgene Variablen" auf Quantenebene gibt wie Einstein glaubt, und die Quantenebene deterministisch ist, dann befindet sich der Ansatz, nach welchem Wunder der Existenz von Unbestimmtheiten auf dieser Ebene bedürfen, in einer theologischen Sackgasse.

Trotz unserer zurückhaltenden Herangehensweise denken wir, dass Quantenunbestimmtheiten sehr hilfreich dabei sind, göttliche Interventionen wie Wunder innerhalb des Rahmens der Naturgesetze zu erklären. Wir sind der Meinung, dass, wenn es uns auch nur zu zeigen gelingt, dass jene, welche den Theismus kritisieren, indem sie sagen, dass Wunder aus der Sicht der Wissenschaft unmöglich sind, sich der Möglichkeiten nicht bewusst sind, welche durch die moderne Wissenschaft vorgestellt werden, und dass ihre Herangehensweise falsch ist, hat dieser Artikel seinen Zweck erfüllt. Das Leugnen göttlicher Intervention und Wunder gründet nicht auf wissenschaftlichen Phänomenen. Wenn allerdings Menschen, die a priori an den Atheismus und Naturalismus als metaphysische These glauben, ihren philosophischen Glauben mit ihrer wissenschaftlichen Herangehensweise vermischen, gelangen sie zur Schlussfolgerung, die Möglichkeit göttlichen Eingreifens zu verneinen; allerdings wäre dies kein wissenschaftliches Ergebnis, sondern das Resultat der philosophisch-metaphysischen Denkweise dieser Personen. Wie wir in diesem Artikel gesehen haben, haben Leute mit verschiedenen philosophisch-metaphysischen Ansätzen Modelle entwickelt, welche göttliches Handeln mit der modernen Wissenschaft in Einklang bringen, und indem sie ihre Ansätze in die Bereiche der Physik und Theologie einbringen, haben sie gezeigt, dass innerhalb des Rahmenwerks moderner Wissenschaft eine Theologie der Natur möglich ist. Wie auch Philip Clayton bemerkte ist die Zeit, in der wir leben, die wohl passendste Zeit nach Newton, wenn wir zeigen möchten, dass göttliche Intervention ohne die Verletzung der Naturgesetze geschehen kann.[102] Wir müssen theologische und philosophische Interpretationen berücksichtigen, die auf den physikalischen Interpretationen der Quantentheorie basieren, welche eine der beiden wichtigsten Theorien in der Physik ist, wenn wir Dinge wie göttliches Handeln, Wunder und freien Willen untersuchen.

[102] Philip Clayton, *God and Contemporary Science*, Edinburg University Press, 1997, S. 173-174.

Entropie und Gott

Entropie und Gott

Der zweite Hauptsatz der Thermodynamik, auch als Entropiesatz bekannt, wird als eines der grundlegendsten Gesetze im Universum erachtet. Dieses Gesetz besagt, dass sich die Unordnung im Universum ständig in eine einzige Richtung ausdehnt. Diesem Gesetz kommt, besonders in Hinblick auf die Debatte, ob das Universum einen Anfang und ein Ende hat, große Bedeutung zu; eine Debatte, die schon die ganze Geschichte hindurch zwischen Theisten und Atheisten wogt. Hinzu kommt, dass Entropie auch eine Rolle in der Diskussion über das „Design-Argument" und über "Wunder" spielt, die beide wichtige Themen in der Religionsphilosophie sind. In dieser Arbeit, nachdem Entropie definiert wurde und einige ihrer wichtigen physikalischen und philosophischen Punkte vorgestellt wurden, werden die Ergebnisse dieses Gesetzes unter vier Überschriften aus dem Blickwinkel der religiösen Philosophie analysiert. Die erste dieser Überschriften betrifft das Ende des Universums, die zweite dessen Beginn, die dritte das Design-Argument und die vierte die Wunder.

Entropie: Einseitig gerichtetes Wahrscheinlichkeitsgesetz der Unordnung

Der erste Hauptsatz der Thermodynamik besagt, dass die Gesamtenergie im Universum (oder in einem geschlossenen System) stets gleich ist. Im 19ten Jahrhundert wurde dieses Gesetz durch zwei separate Gesetze ausgedrückt; eines für Energie und eines für Materie, das "Energieerhaltungsgesetz" und das "Erhaltungsgesetz der Materie". Allerdings wurden, dank Einsteins berühmter Formel $E = mc^2$ (*Energie = Masse x Lichtgeschwindigkeit hoch zwei*), diese beiden ursprünglich separaten Formeln in einer zusammengefasst. Kürzlich wurde entdeckt, dass verschiedene Energieformen, wie akustische Energie, Sonnenenergie, elektrische Energie, alle das gleiche Wesen aufweisen. Nachdem einmal klar geworden war, dass Materie eine von der Energie eingenommene Form darstellt, wurde es das „Erhaltungsgesetz von Energie und Materie". Demgemäß, da die Gesamtenergie (E) des Universums unverändert bleibt, ist ihre Veränderung (Δ) gleich Null. Die mathematische Formel dafür lautet.

$$\Delta E_{\text{Universum}} = 0$$

Der zweite Hauptsatz der Thermodynamik wurde in der zweiten Hälfte des 19ten Jahrhunderts besonders durch die Arbeit von Clausius formuliert. Er war auch der erste, der den Begriff Entropie gebrauchte. Nach diesem Gesetz wird die Energie unaufhörlich von einer nutzbaren in eine weniger nutzbare Form umgewandelt. Anders gesagt, wird die Unordnung im Universum einseitig gerichtet größer. Während der erste Hauptsatz, welcher besagt, dass die Energie stets gleich bleibt, auch wenn sie verschiedenen Veränderungen unterworfen ist, durch eine Gleichung ausgedrückt wird, wird der zweite Hauptsatz, welcher besagt, dass die Energie des Universums eine immer größere Unordnung einnimmt (der Anstieg der Unordnung kann als Anstieg der Entropie oder als positiver Entropiewechsel bezeichnet werden), in Form einer Ungleichung ausgedrückt. Tatsächlich hoffte Clausius den Erhaltungssatz der Entropie ähnlich dem Energieerhaltungssatz zu finden, aber stattdessen fand er heraus, dass das Universum durch das Gesetz der Nicht-Erhaltung der Entropie beherrscht wird.[103] Die Formel, welche dies zum Ausdruck bringt, besagt, dass die Änderung (Δ) der Entropie im Universum (S) größer als Null ist, wodurch auf die Tatsache verwiesen wird, dass die Veränderung einseitig gerichtet und eine positive ist. Die Formel lautet:

---

[103] Michael Guillen, *Dünyayı Değiştiren Beş Denklem*, übersetzt von: Gürsel Tanrıöver, Tübitak Popüler Bilim Kitapları, Ankara, 2001, S. 213-215.

$$\Delta S_{\text{Universum}} > 0$$

Einbahn-Prozesse sind Vorboten des Endes. Der Alterungsprozess der Menschen und das Anwachsen der Entropie im Universum sind beides Beispiele eines solchen Prozesses. Tatsächlich ist das, was wir ständig beobachten, eine Vielzahl von einseitig gerichteten Prozessen (Einbahnprozessen), die das Ansteigen der Entropie des Universums verursachen. Wärme fließt immer von einer heißen zu einer kälteren Umgebung, niemals umgekehrt. Heißer Tee wird kalt, doch die Wärme des Raumes wird niemals in den Tee zurückfließen (als Umkehrprozess) und diesen erhitzen. Der Prozess, welcher durch das Betätigen der Bremsen eines Fahrrads dieses zum Stillstand bringt, führt zu einer Wärmeentwicklung. Doch niemals wird es passieren, dass sich das Fahrrad, welches durch die Sonne erwärmt wird, in Bewegung setzen wird. Wenn der Verschluss einer Parfümflasche offen ist, wird das Parfüm sich im Raum verbreiten und wenn die Moleküle dann im Raum verteilt sind, werden sie nie wieder in die Flasche zurückkehren.

Arthur Eddington sagt, dass das Gesetz der Entropie das wichtigste unter allen Naturgesetzen ist. Nach Eddington kann eine das Universum betreffende Theorie sogar dann richtig sein, wenn sie den Maxwell'schen Formeln widerspricht oder auch dann, wenn sie nicht zu vorhergegangenen Experimenten passt. Allerdings ist es völlig unmöglich, dass eine Theorie richtig ist,[104] wenn sie dem Gesetz der Entropie widerspricht. Gemäß Einstein beruht der größte Erfolg von Newtons Mechanik darin, dass sie auf die Bewegungswärme angewandt werden kann; dieser Erfolg ist in der Theorie der Kinetik und in der statistischen Mechanik[105]

---

[104] Arthur Eddington, *The Nature Of The Physical World*, Macmillan, New York, 1929, S. 74.

[105] Albert Einstein, *The Theory Of Relativity And Other Essays*, MJF Books, New York, 1997, S. 30.

beobachtbar. Der Entropiesatz ist gemäß den berühmtesten Physikern eines der grundlegendsten physikalischen Gesetze, da er alle Kriterien erfüllt, die von den verschiedensten wissenschaftlichen Philosophen aufgestellt wurden, um als erfolgreiches wissenschaftliches Gesetz anerkannt zu werden, wie etwa auf der Beobachtung und dem Experiment zu gründen, falsifiziert werden zu können, als Instrument der Vorhersage zu dienen und mathematisch berechnet werden zu können.

Dennoch ist es bemerkenswert, dass solch ein eindeutiges, klar definiertes Gesetz wie das Gesetz der Entropie ein Gesetz der Wahrscheinlichkeit ist. In Veränderungen, welche die Verteilung von Molekülen betreffen, wie im Fall vom einseitig gerichteten Fluss der Wärme, ist es unmöglich, die Bewegung jedes einzelnen Moleküls zu berechnen. Wir sprechen hier von einer Anzahl von Molekülen, die viel größer ist, als sie in Quadrillionen ausgedrückt werden könnte, weshalb es unmöglich ist, Faktoren, wie den Zusammenstoß von Molekülen, für jedes einzelne Molekül zu berechnen. Aber obwohl die Anzahl der besagten Moleküle so unvorstellbar hoch ist, liefern uns die Wahrscheinlichkeitsgesetze der Entropie hinsichtlich der Verteilung stets akkurate Ergebnisse. Nehmen wir als Beispiel die Luftmoleküle der Erdatmosphäre; es gibt eine sehr geringe Wahrscheinlichkeit, dass sich sämtliche Luftmoleküle über dem Atlantischen Ozean sammeln und der Rest der Welt ohne Luftmoleküle verbliebe. Diese Wahrscheinlichkeit ist so gering, dass sie als unmöglich erachtet werden kann, sodass wir uns deshalb keine Sorgen machen müssen. George Gamow errechnete den Umstand, dass sich alle Moleküle eines Raumes in nur einer Hälfte dieses Raumes konzentrieren könnten, mit solch geringer Wahrscheinlichkeit, dass es praktisch unmöglich ist, folgendermaßen: In einem Raum gibt es etwa 10 27 (Milliarde x Milliarde x Milliarde) Moleküle. Da die Wahrscheinlichkeit für ein einzelnes Molekül, sich in einer Hälfte des

Raumes zu befinden, ½ ist, beträgt die Wahrscheinlichkeit für alle Moleküle ½ hoch 10 hoch 27; und das ergibt eine Wahrscheinlichkeit von 1 zu 10 hoch 3 x 10 hoch 26. Wir wollen uns daran erinnern, dass sich Luftmoleküle mit einer Geschwindigkeit von 0,5 km pro Sekunde bewegen und dass sich in einem Raum ihre Verteilung während 0,01 Sekunden 100-mal ändert. Die Zeit, welche diese Moleküle nun brauchen, um sich auf einer Seite des Raumes zu sammeln, beträgt $10^{299\,999\,999\,999\,999\,999\,999\,999\,998}$ Sekunden; und wenn wir diese Zeitspanne mit dem Alter des Universums vergleichen, welches 10^{17} Sekunden beträgt, sehen wir, warum solch eine Wahrscheinlichkeit als unmöglich erachtet wird.[106] Auf der Grundlage des Beispiels von Gamow, welches die Unmöglichkeit der Wahrscheinlichkeit beweist, dass sich diese Moleküle auf nur einer Seite eines einzigen Raumes sammeln (in der Mathematik gilt, dass Wahrscheinlichkeiten unter 1 zu 10^{50} ganz allgemein als unmöglich erachtet werden), können wir ganz klar verstehen, warum unser Beispiel, dass sich alle Luft der Welt über dem Atlantischen Ozean sammeln könnte, völlig unmöglich ist. Diese Art der Berechnung, die sich aus der Verteilung der Moleküle ergibt, zeigt, warum das Gesetz der Entropie als absolut sicheres physikalisches Gesetz gilt, obschon es ein Wahrscheinlichkeitsgesetz ist.

Manche mögen einwenden, dass von Menschen hergestellte Maschinen und Gebäude einen Wechsel von Unordnung in die Ordnung darstellen und dass die Tätigkeiten von Fabriken, von welchen wir eine negative Entropie erhalten, sich im Widerspruch mit dem Gesetz der Entropie befinden. Worauf wir bei diesem Punkt achten sollten ist, dass der zweite Hauptsatz der Thermodynamik sagt, dass die Gesamtentropie eines geschlossenen Systems ansteigt. Der Preis für eine Ordnung in einem Teil des Univer-

---

[106] George Gamow, *1-2-3 Sonsuz*, übersetzt von C. Kapkın, Evrim Yayınevi, Istanbul, 1995, S. 212 - 213.

sums wird also ganz gewiss von einem anderen Teil in der Form von Unordnung bezahlt. Nehmen wir das Beispiel eines Gebäudes. Die Materialen, die für dessen Errichtung gebraucht werden (Stahl, Holz, etc.), bekommt man durch die Nutzung der Ressourcen dieser Welt und zusätzlich wird eine bestimmte Menge an Energie im Laufe der Bautätigkeit verbraucht. Eine umfassende Berechnung wird zeigen, dass die erzeugte Unordnung immer größer ist als die geschaffene Ordnung.[107] Alle Lebewesen überleben aufgrund der negativen Entropie ihrer Umwelt. Wir nehmen negative Entropie von den Pflanzen oder Tieren, die sich von Pflanzen ernähren, während die Pflanzen überleben, indem sie die negative Entropie von der Sonne über den Prozess der Photosynthese erhalten. Aus diesem Grund sagte Bertrand Russel, dass alle Lebewesen Imperialisten seien, die so viel Energie wie möglich aus ihrer Umgebungswelt für sich und ihre Nachkommen beziehen.[108]

Jedenfalls erzeugt die Ernährung eines jeden Lebewesens eine größere Unordnung in dessen Umgebung. Zum Beispiel gibt es einen kontnuierlichen Verlust von Energie während jeder Phase des Ernährungsprozesses, wenn ein Grashüpfer Pflanzen vertilgt, ein Frosch den Grashüpfer frisst und eine Forelle den Frosch. Gemäß Miller entweichen während eines Ernährungsprozesses 80-90% der Energie in Form von Wärme in die Umwelt. Nur 10 - 20% der Energie, die im Gewebe der Lebewesen gespeichert wird, stehen für den weiteren Gebrauch zu Verfügung. Nehmen wir an, dass der jährliche Ernährungsbedarf einer Person aus 300 Forellen besteht; diese Fische überleben, indem sie (negative Entropie erhaltend) 90.000 Frösche fressen, die ihrerseits 27 Millionen Grashüpfer konsumieren, die wiederum überleben, indem sie 1000 Tonnen Gras vertilgen.[109] Durch die Entnahme

---

[107] Paul Davies, *God And The New Physics*, Simon and Schuster, New York, 1983, S. 10.

[108] Jeremy Rifkin, Ted Howard, *Entropi*, translated by: Hakan Okay, İz Yayıncılık, Istanbul, 1997, S. 60-61.

von Kohlendioxidmolekülen aus der Luft, Wasser aus der Erde und der Nutzung des Sonnenlichts transformiert die Pflanze einfache Moleküle in komplexe Molekülketten; einfache Moleküle in komplexe zu transformieren, bedeutet eine Reduktion der Entropie; und dennoch wird das Gesetz der Entropie dadurch nicht verletzt.[110]

Genau wie andere Lebewesen auch sind Pflanzen „offene Systeme“ und der Preis für ihre Ordnung ist die Unordnung, die sie in ihrer Umwelt erzeugen. Im Gegensatz zur ständig zunehmenden Entropie der Sonne und der abnehmenden Ordnung der Erde, ist der Anstieg der negativen Entropie von Pflanzen sehr gering. Gemäß Berechnungen wird der Preis der abnehmenden Entropie von Lebewesen, Maschinen und anderen geordneten Strukturen über eine größere Zunahme der Entropie im Gesamtsystem abgegolten, womit auf diese Weise der zweite Hauptsatz der Thermodynamik niemals verletzt wird.

Als das 19te Jahrhundert anbrach, war die Newton'sche Physik vorherrschend. Die Gesetze der Newton'schen Physik waren durch ihre völlige Vorhersehbarkeit charakterisiert, durch absoluten Raum und absolute Zeit und zeitliche Umkehrbarkeit. Dank den absoluten, deterministischen mathematischen Gesetzen wurde es möglich, die genauen Zeiten der Sonnenumlaufbahnen für die nächsten vierzig Jahre oder für jene vor fünfzig Jahren zu berechnen. Raum und Zeit wurden als absolute Konzepte verstanden, die einander nicht beeinflussten oder durch sich bewegende Himmelskörper beeinträchtigt wurden. Etwas, das aufstieg, konnte zurückfallen, etwas, das nach vorne ging, konnte retour kommen, ein Pendel, das nach rechts schwingt, konnte auch nach

---

[109] G. Tyler Miller, *Energetics, Kinetics and Life*, California, Wadsworth, 1971, S. 46; zitiert in: Jeremy Rifkin, Ted Howard, ebd., S. 62.

[110] George Gamow, *ebd*, S. 217-218.

links schwingen; all diese reversiblen Prozesse konnten stattfinden, ohne die Bewegungsgesetze der Physik zu brechen.

Die Ansicht, nach der Zeit und Raum absolut wären, änderte sich im 20ten Jahrhundert, als Einstein seine allgemeine und spezielle Relativitätstheorie formulierte. Dadurch, dass Einstein zeigte, dass die Himmelskörper, Raum und objektive und subjektive Zeit alle voneinander abhängig sind, änderte Einstein die Vorstellungen, dass Raum und Zeit voneinander unabhängig wären, wie dies für die klassische Mechanik typisch war.[111] In der Einstein'schen Physik ist es die Lichtgeschwindigkeit, die absolut ist, was gleichermaßen wie die Newton'schen Gesetze deterministisch ist. Auch wenn sich der deterministische Ansatz in der Makrophysik im 20ten Jahrhundert mit Einstein fortsetzte, wurde im gleichen Jahrhundert, wegen dem „Prinzip der Unschärfe“ in der Quantentheorie für die Mikrophysik, darüber zu debattieren begonnen. Auch, wenn es Leute wie Heisenberg gab, welche das „Prinzip der Unschärfe“ als Beweis für die Unvorhersehbarkeit in der Struktur der Natur erachteten,[112] gab es auch solche wie Planck und Einstein, die behaupteten, dass diese Unschärfe sich aus unserer Unwissenheit und der Tatsache ergibt, dass unsere Beobachtungsmöglichkeiten auf der Mikroebene begrenzt sind.[113] So wie dies im Falle des Entropiegesetzes ist, hat auch die Quantentheorie einen probabilistischen Ansatz entwickelt.[114] Dennoch sollten wir im Gedächtnis behalten, dass nicht die gleiche Einhelligkeit in Bezug auf die Quantenmechanik wie in Bezug auf die Thermodynamik besteht. Hinzu kommt, dass, auch wenn der zweite Hauptsatz der

---

[111] Albert Einstein, *ebd.* S. 52.

[112] Ian Barbour, *Religion In An Age Of Science*, The Gifford Lectures, New York, 1990, S. 101-104.

[113] Albert Einstein, *ebd.* S. 41-49.

[114] Werner Heisenberg, *Fizik ve Felsefe*, übersetzt von: M. Yılmaz Öner, Belge Yayınları, İstanbul, 2000, S. 21-22.

Thermodynamik probabilisitisch ist, dies nicht behauptet, dass das Universum eine indeterministische Struktur aufweist, wie die viel debattierte Interpretation der Quantentheorie vermuten lässt. Auch wenn das Gesetz der Entropie so deterministisch wie die Newton'sche und Einstein'sche Physik ist, und auch wenn es einen probalbilistischen Ansatz wie die Quantentheorie aufweist, liegt dessen Unterschied zu all diesen Theorien darin, dass es gezeigt hat, dass ein einseitig ausgerichtetes und unumkehrbares Gesetz eines der grundlegendsten Gesetze im Universum ist.

Wir glauben, dass das wichtigste Kennzeichen dieses Gesetzes seine unumkehrbare Struktur ist. Die Entropie steigt in die gleiche Richtung wie die Zeitlinie, weshalb das Gesetz der Entropie vom Gesichtspunkt einer ontologischen Debatte über die Zeit von Bedeutung ist. Durch die Betonung des Ablaufs wird dieses Gesetz den Beitrag der Zeit auf die physischen Phänomene zeigen. Dennoch bin ich der Meinung, dass die Auffassungen, die Zeit wäre eine Funktion der Entropie, falsch sind. Dies deshalb, weil die Zeit überall im Universum einseitig gerichtet fließt; da die Zeit grundsätzlich eine Abfolge von „vorher" und „nachher" ist, kann es im Universum davon keine Ausnahme geben und dies hat nichts mit einer probabilistischen Struktur zu tun. Die Tatsache, dass es irgendwo im Universum einen Anstieg von Ordnung gibt, ist keine Ausnahme im Entropiegesetz; die Gesamtsumme der Entropie im Universum wird sich dennoch vergrößert haben. Andererseits schreitet die Zeit in einer definitiveren Art voran als die Entropie, da die Zeit in keinem Teil des Universums zurückgedreht werden kann, indem die Zeit in einem anderen Teil voranschreitet. Deshalb wäre es falsch, den „Vektor der Entropie" mit dem Vektor der Zeit gleichzusetzen, selbst wenn beide die gleiche Richtung nehmen.

Ein anderer Fehler, der in Bezug auf die Entropie gemacht wird, ist, deren Anstieg mit der Ausdehnung des Universums zu verknüpfen. Lemaitre und Friedmann waren die ersten, die auf der Grundlage von Einsteins Formel theoretisch zeigten, dass sich das Universum ausdehnt. In den 1920er und 1930er Jahren bewiesen Beobachtungen von Astronomen wie Edwin Hubble, Vesto Slipher und Milton Humason vom Mount Wilson Observatorium aus, dass es sich tatsächlich ausdehnte. Einige Physiker, beeinflusst von den Gesetzen der Molekülverteilung, kamen auch zu dem Schluss, dass der Anstieg der Entropie aufgrund der Ausdehnung des Universums stattfindet und daher behaupteten sie, dass, wenn die Gravitationskraft dominant werden würde und das Universum zu schrumpfen beginne, die Entropie dadurch ebenfalls abnehmen würde. Die Entropie nur als eine Diffusion von Gasen zu sehen, war die Geburt für den falschen Glauben, dass der Zug der Schwerkraft die Entropie vermindern könne. Auf die gleiche Art, wie die Diffusion von Gasen über die Zeit in einen weiten Raum hinein einen Anstieg der Entropie erzeugt, entspricht die Bildung von Schwarzen Löchern am zeitlichen Ende eines Prozesses einem hohen Niveau der Entropie.[115] Es war seine Entdeckung, dass dieser zweite Hauptsatz der Thermodynamik auch in den Himmelskörpern gültig war, die Stephen Hawking zu seiner großartigen Entdeckung in Bezug auf die Schwarzen Löcher führte.[116] Dies zeigt, dass das Gesetz der Entropie nicht nur in starren oder expandierenden Dimensionen gültig ist, da Schwarze Löcher ebenfalls einen Entropieanstieg verkörpern können. Selbst wenn eines Tages die Schwerkraft überhandnehmen würde und das Universum in Richtung eines Großen Zusammenkrachens kollabierte, würde der Anstieg der Entropie weiter andauern. Im Universum vollzieht sich eine ununterbrochene Umwandlung von Materie in

---

[115] Roger Penrose, *The Road To Reality*, Jonathan Cope, London, 2004, S. 706-707.

[116] Stephen Hawking, *Stephen Hawking's A Brief History of Time*, Bantam Books, New York, 1992, S. 92-95; *Stephen Hawking, A Brief History of Time*, Bantam Books, New York, 1988, S. 102-108.

Strahlung. Dies ist der Grund dafür, wie die Studien von Richard Tolman auch bewiesen haben, dass, wenn das Universum zusammenzubrechen beginnt, dieser Zusammenbruch nicht symmetrisch zu dessen Ausdehnung stattfinden wird, sondern schneller als diese. Akkumulierte Strahlung zeigt einen Anstieg der Entropie an, was bedeutet, dass der Anstieg der Entropie im Universum unvermeidlich ist.[117]

Als Ergebnis von alledem bin ich zu der Meinung gelangt, dass es vier einseitig ausgerichtete Prozesse im Universum gibt, die nicht aufeinander zurückgeführt werden können. Der erste ist die Ausdehnung des Universums, der zweite der Anstieg der Entropie, der dritte die Raum-Zeit und der vierte die Verbindung von Geist und Zeit. Wir können feststellen, dass die Ausdehnung des Universums im ersten Prozess völlig unabhängig von den anderen dreien ist, dass diese Ausdehnung durch Observatorien bestätigt wurde, und dass die Umkehr dieses Prozesses – der Zusammenbruch des Universums – absolut möglich ist; deshalb können wir sagen, dass eine Reduzierung der Ausdehnung des Universums auf die anderen drei Prozesse völlig falsch ist. Das Entropiegesetz, welches im zweiten Prozess zum Ausdruck kommt, wird durch die Beobachtungen aus Observatorien belegt und alle physikalischen Daten zeigen, dass dieses Gesetz unumkehrbar ist. Mit anderen Worten: der Anstieg der Entropie bewegt sich in die gleiche Richtung wie der Vektor von Raum und mentaler, subjektiver Zeit. Jedenfalls kann aus Gründen, die wir bereits erwähnt haben, der Anstieg der Entropie nicht auf die Raum-Zeit oder auf die mit dem Geist verknüpfte Zeit zurückgeführt werden. Mit Hilfe einer Klimaanlage können wir die Entropie in einem Raum, in dem wir uns befinden, reduzieren, doch wird unser Geist nicht in der Lage sein, den Anstieg der Entropie außerhalb desselben festzustellen, da er nur die Verminderung der Entropie bezeugen wird;

---

[117] Paul Davies, *The Last Three Minutes*, Basic Books, New York, 1994, S. 142-147.

jedenfalls wird in unserem Geist keine Unvereinbarkeit entstehen. Wenn, wie manche behaupten, es möglich wäre, unseren psychologischen Vektor auf die Entropie zu reduzieren, würde solch eine Situation eine Unvereinbarkeit entstehen lassen.

Es kann sein, dass die kontroverseste Debatte darüber geführt wird, ob Raum-Zeit auf mentale, subjektive Zeit reduziert werden kann. Einsteins Physik hat die Zeit von dem Niveau eines absoluten Konzeptes herabgestuft. Auch wenn es nun keinen Platz mehr für Absolutheit im ontologischen Status der Zeit gibt, glauben wir, dass es immer noch Raum für die Wirklichkeit der Zeit gibt. Auch wenn Einstein vermutete, dass Zeit eine Illusion wäre – es wird angenommen, dass er am Ende seines Lebens diese Einstellung änderte[118] - kann es denn nicht sein, dass die Lichtgeschwindigkeit, die in seiner Formel als etwas Gegebenes erscheint, tatsächlich der physikalische Ausdruck der Zeit in der äußerlichen Welt ist? Unumkehrbare Prozesse wie die Entropie zu studieren und im Besonderen durch solche Prozesse geschaffene Ordnungen, wie sie zur Unordnung streben, wurde in letzter Zeit zu einer vorherrschenden Sache in der Physik und diese Abläufe wurden auch zu Elementen, die man mit besonderem Bezug auf Zeit und Ablauf in Betracht ziehen muss.[119] Ich stimme mit Prigogine überein, der sagte: „Wir sind nicht die Stammeltern der Zeit, sondern deren Kinder.“[120] Egal, wie sehr die Realität der Zeit geschwächt wird, sollte doch immer eine Verbindung zur Tatsache bestehen bleiben, dass die Phänomene außerhalb unseres Geistes immer nach „bevor“ und „danach“ geordnet werden und nicht alle Phänomene zur gleichen Zeit bestehen. Mit dem Aus-

---

[118] Ilya Prigogine, *Kesinliklerin Sonu*, übersetzt von: İbrahim Şener, İzdüşüm Yayınları, İstanbul, 2004, S. 186.

[119] Ilya Prigogine, Isabelle Stengers, *Kaostan Düzene*, übersetzt von: Sezai Demirci, İz Yayıncılık, Istanbul, 1998.

[120] Ilya Prigogine, ebd. S. 10.

druck „cogito ergo sum" brachte Descartes die Tatsache zum Ausdruck, dass, egal wie stark die Wirklichkeit der eigenen Existenz geschwächt wird, und selbst wenn man den physischen Körper außer Betracht lässt, das Wesen, das von ihm mit „ich" bezeichnet wurde, eine ontologische Entsprechung hat.[121] Auf gleiche Weise, unbenommen der Einstein'schen Formel, welche der Zeit das Absolute nahm, sollte es etwas geben, das ihrer ontologischen Wirklichkeit entspricht. Was die Existenz der Zeit im Bewusstsein betrifft, hat Kant gezeigt, dass, wenn das Bewusstsein nicht a priori eine solche, unmittelbare Anschauung hätte, es die Außenwelt nicht begreifen könnte.[122]

Dennoch ist die Tatsache, dass die Zeit eine a priori-Empfindung ist, kein Beweis dafür, dass Zeit nur eine Erfindung des Geistes ist. Noam Chomsky behauptet, dass unser Geist a priori die Fähigkeit besitzt, Sprachen zu erlernen;[123] trotzdem bedeutet das nicht, dass Sprachen in der Außenwelt nicht existieren. Deshalb zeigt die Tatsache, dass Kant die Existenz der Zeit im Bewusstsein als a priori bewiesen hat, nicht, dass Raum-Zeit auf Geist-Zeit reduziert werden kann. So wie ich das sehe, können die beiden nicht aufeinander reduziert werden, da die Zeit eine Realität in der Außenwelt ist und auch weil das Bewusstsein eine a priori-Zeitempfindung hat. Mit dem Ausdruck „können nicht aufeinander reduziert werden" meine ich, dass die beiden nicht völlig äquivalent sind, wobei andererseits die a priori vorhandene Zeitempfindung und die Raum-Zeit klar miteinander in Bezug stehen und nicht unabhängig voneinander aufgefasst werden können.

---

[121] Descartes, *Metot Üzerine Konuşma*, übersetzt von: K. Sahir Sel, Sosyal Yayınlar, Istanbul, 1994, S. 32-34

[122] Immanuel Kant, *The Critique of Pure Reason*, übersetzt von: J.M.D. Meiklejohn, William Benton, Chicago, 1971, S. 27-28.

[123] Noam Chomsky, *Knowledge of Language*: It's Nature, Origin And Use, Praeger, New York, 1986.

Wäre aber die Zeit nur eine Erfindung des Bewusstseins, wäre sie bei der Beschreibung natürlicher Prozesse unwichtig, ja unnütz. Jedenfalls hat das Gesetz der Entropie die wichtige Bedeutung von Unumkehrbarkeit/Zeit/Prozessverlauf in den universellen Phänomenen gezeigt; und es erlangte auch Bedeutung hinsichtlich der philosophischen Debatten über den ontologischen Status der Zeit.

Wenn man begreift, dass die Zeit kein absolutes Konzept darstellt, hilft dies, Antworten auf wichtige Fragen die religiöse Philosophie betreffend, zu bekommen. Zum Beispiel waren Kants Antinomien (Unvereinbarkeit von Gesetzen) innerhalb des „Absolutzeit"-Konzepts der Newton'schen Physik formuliert, die ihn sehr beeinflusst hat.[124] Andererseits wird es , seitdem gemäß den Einstein'schen Formeln Raum und Zeit miteinander verknüpft sind, bedeutungslos danach zu fragen, was Gott vor dem Urknall-Prozess getan hat, wo Raum und Zeit nicht existent waren. Auch Fragen wie „Warum hat Gott mit der Erschaffung des Menschen 15 Milliarden Jahre gewartet?" sind bedeutungslos. Solche Fragen sind das Ergebnis einer Sichtweise, welche die Zeit als absolut erachtet. Aus einer Sicht, welche die Zeit als relativ erachtet, mag die Zeitspanne von 15 Milliarden Jahren von einem Gesichtspunkt aus so bedeutungslos sein, wie für uns die Zeitspanne von einigen Sekunden. Jene - die wie ich – die Zeit nicht als absolut auffassen, aber sie dennoch als ein Konzept erachten, welches von einem ontologischen Gesichtspunkt aus betrachtet einer Realität entspricht, könnten, vom Gesichtspunkt religiöser Philosophie ausgehend, zu anderen Ergebnissen zu gelangen versuchen. Es könnte von Bedeutung sein zu versuchen, eine Verbindung zwischen „Theodizee" und der Entropie, die im Fluss der Zeit zunimmt,[125] zu finden - oder die Wirklichkeit der Zeit

[124] Stephen Hawking, *ebd.* S. 7-8.

unter dem Gesichtspunkt der Debatten über den „freien Willen" zu berücksichtigen. Da die Erörterung dieser Angelegenheiten die Berücksichtigung von Themen erfordert, die nichts mit unserem Artikel zu tun haben, werde ich diesbezüglich nicht weiter ins Detail gehen.

Ich werde versuchen, diese Thematik im Rahmen der Entropiegesetz-Resultate unter vier Überschriften zu erklären, die ich vom Blickpunkt der Religionsphilosophie aus als wichtig erachte. Die erste behandelt die Tatsache, dass uns das Gesetz sagt, dass das Universum ein Ende haben wird.

[125] Für ein Beispiel gleicher Art sehen Sie: Robert John Russell, *Entropy And Evil*, Zygon magazine, Bd. 19, Nr. 4, Dezember 1984, S. 449-467.

1- Das Ende des Universums und der Entropie

Wie wir bereits gesagt haben, sind Einbahn-Prozesse die Vorboten des Todes und das Universum ist durch einen Anstieg der Unordnung charakterisiert. Dieser Prozess, der in der Physik als Anstieg der Entropie bezeichnet wird, kann nicht ewiglich stattfinden. Wärme wird ständig von der heißeren zur kühleren Umgebung fließen, bis die Temperatur aller Umgebungen die gleiche ist. Das Ende des Universums wird „Wärmetod" oder „thermodynamisches Äquilibrium" genannt. Bestimmte Behauptungen die Tatsache betreffend, dass das Universum nicht in alle Ewigkeit bestehen kann, wurden schon früher vorgetragen. Zum Beispiel vom islamischen Philosophen und Theologen Kindi, der im 9ten Jahrhundert lebte, der Gedankengänge entwickelte in Bezug auf den Übergang von der endlichen Beschaffenheit der Objekte im Universum in die unermessliche Weite des Universums, welches dennoch ein Ende hat, und von dort über die Zeit bis hin zum Ende des Universums.[126]

Allerdings wurde im Rahmen der Naturwissenschaften erstmals im 19ten Jahrhundert, als das Entropiegesetz formuliert wurde, entdeckt, dass das Universum endlich ist. Gemäß dem Aristotelisch-Ptolemäischen System, welches weitestgehend bis ins 16te Jahrhundert akzeptiert war, würden die Sterne aufgrund eines unerschöpflichen Brennstoffs bis in alle Ewigkeit fortbestehen. Die Physik Galileos und Newtons, die bis ins 19te Jahrhundert dominierte, hatte nichts über das Ende des Universums zu sagen. Die Evolution von Sternengruppen wurde zuerst in Kants *„Allgemeine Naturgeschichte und Theorie des Himmels"*[127] unter Anwendung der

---

[126] Kindi, *Felsefi Risaleler*, übersetzt von: Mahmut Kaya, İz Yayıncılık, Istanbul, 1994, S. 87-92.

[127] Immanuel Kant, *Evrensel Doğa Tarihi Ve Gökler Kuramı*, übersetzt von: Seçkin Selvi, Sarmal, Istanbul, 1997.

Newton'schen Physik erklärt. Später, als diese Theorie von Laplace weiterentwickelt wurde, zeigte sich die Bedeutung der Transformation im Universum, doch diese Transformation konnte als etwas angesehen werden, das eine zyklische Natur aufweist; anders gesagt kam der Kant-Laplace Ansatz auch zu keinem Ergebnis, ob das Universum endlich wäre. Darüber hinaus könnte, weil der erste Hauptsatz der Thermodynamik, welcher in der ersten Hälfte des 19ten Jahrhunderts formuliert wurde, besagt, dass die Gesamtenergiemenge immer gleichbleibt, auch wenn sich die Energieform ändert, dies als Beweis dafür herangezogen werden, dass das Universum für immer existiere. Unter dem Eindruck dieser vorherrschenden Ansicht war es ein Schock für die wissenschaftliche Welt und deren Philosophen, als das Entropiegesetz feststellte, dass die Energie innerhalb der konstant bleibenden Totalmenge sich in immer weniger nutzbare Formen verwandelt und deshalb das Universum ein Ende haben müsse. Betrand Russell brachte seine Niedergeschlagenheit über die Tatsache, dass die wissenschaftlichen Gesetze das Ende des Universums vorhersehen, auf folgende Weise zum Ausdruck:

„Zielloser, ja bar jeder Bedeutung ist die Welt, wie die Wissenschaft sie unserem Glauben präsentiert. Inmitten solch einer Welt müssen von nun an unsere hohen Ziele ein Zuhause finden … dass die Bemühungen aller Zeiten, alle Hingabe, alle Inspiration, all mittäglich scheinendes Leuchten menschlicher Geistesgröße im weiten Tod des Sonnensystems der Auslöschung bestimmt sind, und das Naturell aller menschlichen Errungenschaften unweigerlich unter den Trümmern der Ruine des Universums beerdigt werden müssen - all dies, wenn auch nicht über allen Disput erhaben, so doch so nahe an der Gewissheit, dass kein Philosoph, der die Zurückweisung wagt, Hoffnung auf Bestehen hat. Nur mehr innerhalb der Rüstung dieser Wahrheit, nur

[128] Bertrand Russell, *Why I Am Not A Christian*, Simon And Schuster, New York, 1957, S. 106.

mehr auf dem starken Fundament eiserner Verzweiflung kann von heute an das Heim der Seele gefahrlos errichtet werden.“ [128]

Der wissenschaftliche Nachweis eines Endes des Universums rief bei einigen Leuten eine Existenzkrise hervor. Viele Menschen hatten für ihr Sterben Trost in der Vorstellung gefunden, dass ihre Arbeit, ihr Ansehen und ihre Nachkommen weiterbestehen würden. Kann der Wunsch von Politkern, gigantische Bauwerke zu errichten, nicht ebenfalls als eine Manifestation des Wunsches nach Unsterblichkeit gesehen werden? Wir erkennen in der Ansprache des Perikles die Manifestation dieses gleichen Wunsches nach Unsterblichkeit aufgrund der vollbrachten Werke und des erworbenen Ansehens: „*Im Opfer ihrer Leben, das alle gemeinsam sie erbracht haben, erlangte jeder einzelne von ihnen jenes nicht alternde Ansehen und eine Grabstätte, nicht jene, in der ihre Gebeine bestattet sind, sondern den nobelsten aller Schreine, in welchem ihr Ruhm gebettet liegt, um bei jeder Gelegenheit, an der das Werk oder die Geschichte vorzutragen ist, ihrer ewiglich zu gedenken.*“ [129] Die Art, wie der Mensch versucht, seinen Wunsch nach Unsterblichkeit zu stillen, indem er Werke und Ansehen hinterlässt oder sogar sein eigenes Leben opfert, brachte Hannah Arendt wie folgt zum Ausdruck: „*Deshalb muss, wer auch immer bewusst darauf abzielt, „unverzichtbar“ zu sein und eine Geschichte und eine Identität, die „unsterblichen Ruhm“ erlangen werden, zu hinterlassen, nicht nur sein Leben riskieren, sondern sich ausdrücklich, wie Achilles dies tat, für ein kurzes Leben und einen frühen Tod entscheiden.*“ [130]

Für jene, welche die Unsterblichkeit zu erlangen suchen, indem sie die Ergebnisse ihres Tuns oder ihr Ansehen hinterlassen, erwies

---

[129] Thucydides, *Funeral Oration Of Pericles, from The Landmark Thucydides*, edited by Robert B. Strassler, The Free Press, New York , 1996, S. 115.

[130] Hannah Arendt, *The Human Condition*, Doubleday Anchor Books, New York, 1999, S. 172-173.

sich das Gesetz der Entropie als ein unangenehmes physikalisches Gesetz. Und besonders für die Verfechter einer materialistischen Ontologie, die, indem sie dem Universum ewige Existenz zuschrieben, die gesamte Geschichte hindurch gegen Gottes ewiges Dasein opponierten, ist das Ergebnis, auf welches durch die Entropie verwiesen wird, ein schwer zu schluckender Brocken. Der felsenfeste Glaube an die Unsterblichkeit des Universums ist in den Schriften vieler materialistischer Philosophen, beginnend mit dem Atomismus des Demokrit und Epikur, präsent.[131] Niemand vor Lucretius hatte so stark daran geglaubt, dass die Behauptung des Nichtvorhandenseins Gottes immer auch hieß zu behaupten, dass das Universum/die Materie schon immer existiert habe und immer existieren wird. Sein Gedicht gibt seine Überzeugung wieder, dass das Universum unvergänglich sei:

Von zweierlei Art die Dinge sind:

Atome und die ihnen verbunden sind

Alle Kraft kann die Atome sprengen nimmer

Weil sie das absolute Ende sind, bestehen sie für immer[132]

Zur Tatsache, dass die Anhänger materialistischer Philosophie die ewige Existenz des Universums behaupten, womit eine Erklärung für alles inbegriffen ist, kommt, dass agnostische Philosophen sagen, dass, wenn es möglich ist, die Erklärung für alles in Gott

---

131 Friedrich Albert Lange, *Materyalizmin Tarihi Ve Günümüzdeki Anlamının Eleştirisi 1*, übersetzt von: Ahmet Arslan, Sosyal Yayınları, İstanbul, 1998, S. 40-44.

132 A. Osman Gürel, *Doğa Bilimleri Tarihi*, İmge Kitabevi, Ankara, 2000, S. 102.
Of two kinds are all objects:
Atoms and their composites
No force can break up atoms
Being the absolute end will keep them forever.

zu finden, es auch möglich ist, im Universum die Erklärung für alles zu finden. Und durch das Geltendmachen der Unmöglichkeit zwischen diesen beiden Alternativen zu wählen, formulierten sie die Grundlage ihres Agnostizismus. Vorausgesetzt, dass wir an einem bestimmten Punkt Halt machen müssen und nicht weitergehen dürfen, fragte sich Hume, ob es nicht möglich wäre, in der materiellen Welt Halt zu machen, anstatt von dieser zu Gott hinaufzusteigen.

Wie Sie sehen, ist das Ergebnis aus dem Entropiegesetz sowohl aus der Sicht weltlicher Sorgen, wie auch aus einer ontologischen Sicht wichtig. Theisten (und damit meine ich vor allem die Gläubigen der drei Hauptreligionen des Theismus) finden den Sinn ihres Lebens und das Ziel ihrer Hoffnungen in ihren auf Gott ausgerichteten Ontologien und Eschatologien, basierend auf dem Wort Gottes, wie dieses durch Seine heiligen Texte offenbart wurde. Deshalb braucht ein Theist nicht - wie Russel - der Verzweiflung zu verfallen, nur weil das Gesetz der Entropie auf das Ende des Universums hinweist. In den 1930er Jahren erklärte William Inge auf folgende Weise, warum der „Wärmetod" nur aus der Sicht der modernen Philosophie ein Problem darstellt: *„Die Vorstellung vom Ende der Welt ist nur der modernen Philosophie unerträglich, die die Idee eines nicht endenden zeitlichen Fortschritts als klägliches Substitut für die gesegnete Hoffnung auf ewiges Lebens ansieht, und in einem sich entfaltenden Gott einen schattenhaften Geist des unwandelbaren Schöpfers und Erhalters des Universums … Moderne Philosophie ist, wie ich behaupte, am zweiten Thermodynamischen Gesetz gescheitert; es ist kein Wunder, dass sie diese Lage für untragbar erachtet und sich Mitleid erregend aus ihrer Qual zu entwinden sucht."* [133]

---

[133] John D. Barrow, Frank J. Tipler, *The Anthropic Cosmological Principle*, Oxford University Press, Oxford, 1996, S. 168.

Der Eschatologie der drei großen theistischen Religionen gemäß, wird zuerst das Leben im Universum gänzlich erlöschen und dann wird Gott die Wiedererschaffung beginnen. Deshalb befindet sich die Idee eines endlichen Universums mit den Kosmologien und Eschatologien der theistischen Religionen in Übereinstimmung. Die Tatsache, dass ein wissenschaftliches Gesetz die Idee unterstützt, welche die Theisten die ganze Geschichte hindurch aufgrund ihrer heiligen Texte und entgegen der Einschätzung fast aller anderen , dass das Universum dereinst zu bestehen aufhören wird, behaupteten, wird den Glauben der Theisten an ihre heiligen Texte und Eschatologien verstärken. Folglich wird ein wissenschaftliches Gesetz, welches für die einen Grund für Verzagen ist, für die Theisten, deren Quelle des Trostes ihre Eschatologien sind, Grund zu Hoffnung sein. Vom Standpunkt theistischerOntologie aus ist das Universum von Gott abhängig, und da das Universum von Gott erschaffen wurde, kann Er es zerstören, wann immer Er wünscht. Deshalb stimmt das Resultat, welches sich aus dem Gesetz der Entropie ergibt, mit der Ontologie und Kosmologie des Theismus überein. Die Tatsache, dass eine der grundlegendsten Thesen des Materialismus – die Unendlichkeit des Universums –, welche die ganze Geschichte hindurch der schärfste Feind des Theismus war, widerlegt wurde, ist Grund für zusätzliche Genugtuung.

Die wissenschaftlichen Entwicklungen des 20ten Jahrhunderts haben das Entropiegesetz ebenfalls bestätigt. Dank der Beobachtungen Hubbles konnte man erkennen, dass sich das Universum stetig ausdehnt; dieses Phänomen, eines, das viele Male nach Hubble überprüft wurde, hat sich sowohl in der Theorie wie in den Ergebnissen der Beobachtungen bestätigt.[134] Die Tatsache, dass das Universum ständig expandiert, sagt uns, dass es auf eine

[134] Caner Taslaman, *Big Bang Ve Tanrı*, İstanbul Yayınevi, 2003, S. 30-46.

von zwei Arten enden wird; im ersten Szenarium wird sich das Universum ständig ausdehnen und wird mit dem „Kalten Tod“, Big Chill genannt, enden, während nach dem zweiten Szenarium die Kraft der Gravitation die Überhand gewinnen wird und das Universum in sich selbst im Big Crunch zu einer Einzigkeit zusammenstürzen wird. Ob das Universum gemäß des ersten oder des zweiten Szenariums enden wird, wird immer noch diskutiert[135] und hängt davon ab, ob die Materie unter oder über der kritischen Dichte liegt (diese kritische Dichte wird Omega genannt). Die Tatsache, dass, wie man erkannt hat, der Vorrat an Gasen, aus welchen die Sterne im Weltraum gestaltet werden, eines Tages zu Ende gehen und das weitere Entstehen von Sternen unmöglich wird, ist nur eines der vielen Anzeichen, dass das Ende unvermeidlich ist.[136] Anders gesagt, haben die wissenschaftlichen Entdeckungen des 20ten Jahrhunderts zusätzlichen Beweis zur Folgerung aus dem Gesetz der Entropie dafür geliefert, dass das Universum zu bestehen aufhören wird.

[135] Ralph A. Alpher, Robert Herman, *ebd.* S. 160-163.

[136] Paul Davies, *ebd.*, S. 49-65.

2- Der Beginn des Universums und der Entropie

Dank dem Gesetz der Entropie erfasste man zum ersten Mal, dass sich die Unordnung im Universum ständig erhöht und dass dieser Prozess, der nicht bis in alle Ewigkeit fortdauern kann, das Ende des Universums verursachen würde. Tatsächlich sagt uns diese Erkenntnis aber auch, dass das Universum auch einen Anfang haben muss. Wir können dies auf folgende Weise feststellen:

1. Die Entropie steigt im Universum kontinuierlich und unumkehrbar an.

2. Das Ergebnis davon ist, dass eines Tages ein thermostatisches Äquilibrium eintreten und der „Wärmetod" erfolgen wird. Mit anderen Worten gesagt, ist das Universum nicht unendlich; seine Existenz wird enden.

3. Bei nicht endender Zeit ist es unabwendbar, dass das Universum einen thermostatischen Ausgleich erreichen und alle Bewegung stoppen wird.

4. Zurzeit sehen wir, dass die Bewegung andauert.

5. All dies bedeutet, dass das Universum nicht seit Ewigkeiten besteht und es deshalb einen Anfang hat.

Die Wissenschaftler haben sich auf die Tatsache konzentriert, dass Entropie bedeutet, dass das Universum ein Ende haben muss, doch haben sie nicht wirklich auch daran gedacht, dass dies bedeutet, dass das Universum einen Anfang gehabt haben muss. Das ist schade, denn die Debatte auf den Gebieten der Philosophie, Theologie und Kosmologie hat sich auf nichts mehr fokussiert als darauf, ob das Universum einen Anfang hat oder nicht. Paul

Davies sagt Folgendes über die interessante Tatsache, dass dieses andere Ergebnis, welches aufgrund des Entropiegesetzes erreicht werden kann, zuerst nicht viel Aufmerksamkeit erlangte: *„Etwas, das innerhalb einer endlichen Häufigkeit abläuft, kann nicht seit Ewigkeit existiert haben. Anders gesagt, muss das Universum vor einer bestimmten Zeit an zu existieren begonnen haben. Es ist bemerkenswert, dass von den Wissenschaftlern des 19ten Jahrhunderts diese tiefgreifende Schlussfolgerung nicht ordentlich erfasst wurde.*“ [137]

Die Tatsache, dass das Universum einen Anfang gehabt haben musste, wurde zuvor von den jüdischen, christlichen und muslimischen Philosophen mit verschiedenster Argumentation dargelegt.[138] Überlegungen die Tatsache betreffend, das es „faktische Unendlichkeit“ nicht geben kann, dass die Unendlichkeit nicht überschritten werden kann und das Universum deshalb nicht seit allvergangener Ewigkeit existiert haben kann, bildeten die Grundlage dieser Argumentationen. Zusätzlich dazu beschreiben die sakralen Texte aller drei theistischen Religionen das Universum mit einem Anfang.

---

[137] Paul Davies, *ebd.* S. 13.

[138] William Lane Craig, *The Kalam Cosmological Argument*, Wipf and Stock Publishers, Eugene, 1979, S. 19-60.

Am Anfang erschuf Gott den Himmel und die Erde.[139]

Thora – Das Buch Genesis Kapitel 1-1

Alle Dinge hat er gemacht; und ohne ihn war nicht irgendetwas gemacht worden unter den gemachten Dingen.[140]

Das Neue Testament - Johannes 1-3

Erschaffer der Himmel und der Erde aus dem Nichts. Wenn Er ein Ding wünscht hat Er nur zu sagen „Sei" und es ist.[141]

Qur'an, Sure 2 – Die Kuh 117

Andererseits gründeten die Anhänger der materialistischen Philosophie ihre Ansichten auf der Idee der Unendlichkeit des Universums.[142] Wenn wir die Debatte zwischen Theismus und Atheismus (materialistischer Philosophie) auf eine einzige Sache reduzieren wollen, können wir dies auf die Art Hamlets tun: „Ist das Universum unendlich oder nicht; das ist die Frage!" Da die Tatsache, dass das Universum nicht unendlich ist, auch bedeutet, dass es einen Anfang hat, können wir die Aussage Hamlets auch wie folgt umformulieren: „Hat das Universum einen Anfang oder nicht; das ist die Frage!" Die Behauptung, dass das Universum einen Anfang hat, ist der wichtigste Ansatz, der den Theismus nicht nur von der materialistischen Philosophie unterscheidet, sondern auch von anderen Religionen wie Hinduismus, Buddhismus, Taoismus und von der antiken griechischen Philosophie. Die Idee eines autonomen Universums, welches die Macht Gottes

---

[139] *Kitabı Mukaddes*, Eski Ahit, Kitabı Mukaddes Şirketi, Istanbul, 1993, S. 1.

[140] *Kitabı Mukaddes*, Yeni Ahit, ebd. S. 92.

[141] *The Quran*, übersetzt von: Ahmed Ali, Princeton University Press, New Jersey, 1994, S. 25.

[142] Georges Politzer, *Felsefenin Başlangıç İlkeleri*, übersetzt von: Enver Aytekin, Sosyal Yayınları, Istanbul, 1997, S. 24.

beschränkte oder es vom Willen Gottes, es zu erschaffen, unabhängig machte, ist eine Idee, die niemals vom Theismus akzeptiert werden kann;[143] während es für jene, welche die Existenz Gottes zu leugnen, die Ewigkeit des Universums anzunehmen und ihm göttliche Eigenschaften zuzuschreiben wünschen, dies die einzige Alternative ist. Im Gegensatz dazu behauptete Kant in seiner These und Antithese bezüglich des Anfangs des Universums zu einem bestimmten Zeitpunkt oder des Nichtvorhandenseins desselben, dass beides weder bestätigt noch geleugnet werden kann; und es aus diesem Grunde unmöglich wäre, eine rationale Kosmologie zu begründen. Diese These und Antithese, als erste Kant'sche Antinomie (Widerspruch) bekannt, lauten wie folgt:

These: Die Welt hat einen zeitlichen Beginn und ist auch räumlich begrenzt.

Antithese: Die Welt hat keinen Beginn und keine räumliche Begrenzung, sondern ist hinsichtlich sowohl Zeit als auch Raum unbegrenzt.[144]

Wie man sehen kann, stellt die Vorstellung, dass das Universum erschaffen ist und somit einen Anfang hat, den größten Konflikt zwischen Theismus und allen anderen Denksystemen dar und wurde vor dem 19ten Jahrhundert mittels verschiedener philosophischer Argumentationen debattiert. Jedenfalls wurde es für die Naturwissenschaften erst mit der Entdeckung des Entropiegesetzes möglich, in diese Debatte miteinbezogen zu werden. Darüber hinaus ist dieses Naturgesetz, welches als ein Grundgesetz im

---

[143] Auch wenn es Philosophen wie Farabi und Avicenna gab, die versucht haben, die Vorstellung von einem unendlichen Universum nach der Philosophie des Aristoteles mit dessen Erschaffung in Einklang zu bringen, blieben sie stets eine Minderheit im allgemeinen theistischen Ansatz.

[144] Immanuel Kant, *ebd.* S. 135.

Universum erachtet wird, ein solches, über welches sich beinahe alle Wissenschaftler einig sind, seien sie nun Theisten oder Atheisten. Dieses Gesetz verlangt einen Anfang des Universums und ein Universum mit einem Anfang kann nicht als Erklärung für alles angesehen werden; das Universum selbst verlangt nach einer Erklärung. Dieses Argument, welches in der Geschichte islamischer Theologie und Philosophie als das hudus Argument bekannt ist, kann wie folgt zusammengefasst werden: [145]

1. Alles, was einen Anfang hat, verlangt nach einer Ursache.

2. Das Universum hat einen Anfang.

3. Daher hat das Universum eine andere Ursache als sich selbst.

Das kosmologische Argument wurde von islamischen Theologen und Philosophen als das „Argument von notwendigem im Vergleich zu bedingtem Sein“ bezeichnet. Dieses Argument kann wie folgt beschrieben werden: *„Auch wenn das Denken über die Abwesenheit eines notwendigen Wesens einen Widerspruch im Geist erzeugt, liegt die Existenz oder Nicht-Existenz eines bedingten Wesens, dessen Existenz von einem anderen abhängt, innerhalb der Grenzen des Möglichen. Wir können diese zweite Kategorie der Wesen und ihre Existenz nicht durch eine unbegrenzte Anzahl von Ursachen, die voneinander abhängen und in die Zeit rückwärts reichen, beschreiben; oder, anders gesagt, muss deren Existenz aus einem aus sich selbst bestehenden und unumgänglichen Wesen (Gott) entspringen.“* [146] Demgemäß ist jedes Wesen, das nicht war, sondern wurde, ein bedingtes Wesen. Tatsächlich akzeptieren die Anhänger der materialistischen Philosophie, dass es ein unbedingt erforderliches Wesen

[145] Necip Taylan, *Tanrı Sorunu*, Şehir Yayınları, Istanbul, 2000, S. 52-63.

[146] Necip Taylan, *ebd.* S. 64.

geben muss, doch glauben sie, dass dieses Wesen das Universum ist und erachten die Existenz Gottes nur als eine Projektion des Geistes. Wir können unser Argument auf folgende Weise zum Ausdruck bringen:

1. Ein Wesen ist entweder unbedingt erforderlich oder bedingt.

2. Jedes bedingte Wesen verlangt nach einem unbedingt erforderlichen Wesen. Ein Wesen, welches später (entweder in körperlicher Form oder als Projektion des Geistes) wurde, kann kein unbedingt erforderliches Wesen sein.

3. Entweder ist Gott oder das Universum ein unbedingt erforderliches Wesen.

4. Das Universum hat einen Anfang.

5. Daher (gemäß 2 und 4) ist das Universum ein bedingtes Wesen.

6. Und (gemäß 1, 3 und 5) Gott ist ein unbedingt erforderliches Wesen.

Der kritische Punkt ist Punkt (4), welcher der gleiche ist wie Punkt (2) des *hudus*-Arguments, das besagt: „das Universum hat einen Anfang". Auch wenn diese Argumente das erste Mal bereits vor ungefähr tausend Jahren vorgebracht wurden, hat das Gesetz der Entropie, indem es den kritischen vierten Punkt bestätigt, den philosophischen Überlegungen wissenschaftliche Unterstützung zukommen lassen.

Die Ergebnisse, welche der Entdeckung des Entropiegesetzes folgten, haben diesen philosophischen Argumentationen zusätzliche wissenschaftliche Unterstützung verschafft. Dank der

Big-Bang-Theorie, die in den 1920ern formuliert wurde, hat die Vorstellung, dass das Universum einen Anfang hat, zusätzliche wissenschaftliche Unterstützung erhalten. Auf Einsteins Formel aufbauend, hat Alexander Friedmann 1922 bewiesen, dass das Universum sich ausdehnen muss. Zur gleichen Zeit und auf der gleichen Formel basierend, hat der Kosmologe und Priester Georges Lemaitre unabhängig von Friedmann entdeckt, dass das Universum eine expandierende und dynamische Struktur aufweist. Die Geschichte des sich ausdehnenden Universums zurückverfolgend, schrumpft es auf einen Punkt zu. Auf diese Art wurde Lemaitre die erste Person, die ein Modell vorstellte, nach welchem Gott das Universum als ein uranfängliches Atom erschuf, welches sich teilte und ausdehnte.[147]

Als Hubble entdeckte, dass sich das Universum ausdehnte, wurde diese Theorie auch durch Beobachtung bestätigt. Auch wenn gegen die Big-Bang-Theorie andere Theorien wie zum Beispiel die Gleichgewichtstheorie ins Feld geführt wurden, vernichtete 1965 die Entdeckung der „kosmischen Hintergrundstrahlung“, welche seit der Frühzeit des Universums andauert und die Big-Bang-Theorie unterstützte, die Glaubwürdigkeit aller entgegenstehenden Theorien.[148] Alle Daten aus späteren Beobachtungen, die Verteilung von Wasserstoff und Helium im Universum, Daten vom Satellit COBE, Daten von weit entfernten Galaxien, die Bestätigung, dass in der Vergangenheit die Temperatur des Universums viel höher war, haben das Big-Bang-Model über das Universum bestätigt. Auf diese Weise wurde das Gesetz der Entropie durch die Big-Bang-Theorie theoretisch bestätigt und die Beobachtungsdaten haben die Tatsache bewiesen, dass das Universum einen Anfang gehabt haben muss.

[147] Stephen Hawking, *Ceviz Kabuğundaki Evren*, übersetzt von: Kemal Çömlekçi, Alfa Yayınları, Bursa, 2002, S. 22.

[148] Ralph A. Alpher, Robert Herman, ebd. S. 107-115.

Zusätzlich zu alledem ist das Gesetz der Entropie dabei hilfreich, all jene Theorien zu widerlegen, die als Alternative zur Big-Bang-Theorie angeboten werden. Das Maß, welches gebraucht wird, um die Quantität der Entropie im Universum auszudrücken, ist durch die Division der Anzahl der Photonen (die kleinsten Einheiten des Lichts) durch die Anzahl der Baryonen (eine Klasse von Atomteilchen; dem Proton und dem Neutron) gegeben. Wenn wir diese Rechnung auf die kosmische Hintergrundstrahlung anwenden, erhalten wir 10^8 - 10^9 pro Baryon.[149] Solch ein hoher Grad der Entropie kann durch die Gleichgewichtstheorie nicht erklärt werden, wohingegen sich andererseits solch ein hoher Grad der Entropie in völliger Übereinstimmung mit der Big-Bang-Theorie befindet, gemäß der die Temperatur des Universums zu Beginn sehr hoch war.[150] Noch viel wichtiger ist, dass selbst das Oszillationsmodell des Universums sich nicht der Regel der steigenden Entropie entziehen kann. Seit die Big-Bang-Theorie erfolgreich bewiesen wurde, war der einzige Weg, die Idee eines ewigen Universums zu erhalten, die unendliche Wiederholung des Modells. Wenn, wie wir bereits festgestellt haben, das Universum zusammenzustürzen beginnt, wird dieser Zusammenbruch niemals eine symmetrische Version der Ausdehnung des Universums sein und es wird dem Anstieg der Entropie niemals entkommen. Die erneute Expansion eines zu einer Singularität zusammengebrochenen Universums ist mit allen bekannten physikalischen Gesetzen unvereinbar. Wäre dies dennoch möglich, so erlaubte der Anstieg der Entropie auf jeder Ebene dem Universum nicht, unendlich zu sein. Tatsächlich ist die Geschwindigkeit, mit welchem sich das Universum ausdehnt, auf kritischem Niveau. Hätte die Big-Bang-Explosion mit größerer Geschwindigkeit stattgefunden, hätte sich die Materie über

---

[149] Roger Penrose, ebd. S. 717.

[150] Hugh Ross, *The Fingerprint Of God*, Whitaker House, New Kensington, 1989, S. 85-87.

eine solche Weite ausgebreitet, dass die Galaxien nicht hätten geformt werden können und der Übergang zu einem Prozess des Zusammenbruchs nicht möglich gewesen wäre. Hätte die Explosion mit geringerer Geschwindigkeit stattgefunden, wäre die sich ausbreitende Materie sofort unter dem Einfluss der Gravitation in sich selbst zurück auf die Singularität zusammengefallen. Die Wahrscheinlichkeit, dass die Explosion gerade mit der richtigen Geschwindigkeit stattfand, um Galaxien zu bilden und Leben entstehen konnte, ist geringer als die Möglichkeit, dass ein Bleistift auf seiner Spitze stehen bliebe, nachdem man ihn weggeworfen hat (diese kritische Wahrscheinlichkeit wurde mit 1 zu 1017 berechnet).[151] Da das Universum mit höherer Strahlung zusammenzubrechen beginnt, wird ein zusammengebrochenes Universum höhere Strahlung haben als das erste und mit dieser erhöhten Entropie würde, selbst wenn es eine erneute Ausdehnung gemäß dem Gleichgewichtsmodell erreichen könnte, die entscheidende Ausdehnungsgeschwindigkeit überschritten werden und ein künftiges Zusammenbrechen unmöglich werden. Zusammengefasst ist das Gesetz der Entropie ein Grundgesetz der Naturwissenschaften und es zeigt, dass es zu einem Anfang für das Universums keine Alternative gibt, und es widerlegt alle anderen Modelle, die als Alternative dazu vorgestellt werden.

Das Gesetz der Entropie hat nicht nur ein Universum beschrieben, welches allen Erwartungen der Atheisten widerspricht, sondern auch ein Bild gezeichnet, in welchem sich ein Universum der Pantheisten nicht findet. Whittaker erklärt dies auf folgende Weise: *„Das Wissen, dass das Universum in der Zeit erschaffen wurde und letztlich sterben wird, ist von primärer Bedeutung für die Metaphysik und Theologie; denn es bedeutet, dass Gott nicht die Natur und die Natur nicht Gott ist; somit weisen wir jede Form des Pantheismus zurück, jene Philosophie, welche den Schöpfer mit der*

[151] Stephen Hawking, *A Brief History Of Time*, S. 121-122.

Schöpfung gleichsetzt und ihn als etwas ansieht, das im sich selbstentfaltenden oder in der Evolution begriffenen materiellen Universum ins Sein gelangt. Denn wenn Gott mit der Welt verknüpft wäre, wäre es notwendig, dass Gott geboren würde und vergehen müsste … Die Gewissheit, dass die menschliche Rasse und alles Leben auf diesem Planeten letztlich erlöschen muss, ist für viele weitverbreiteten Vorstellungen über die Bedeutung und den Sinn des Universums, besonders für jene, deren zentrale Idee der Fortschritt ist und die ihre Hoffnung in einen Aufstieg des Menschen setzen, fatal.“ [152]

Das Gesetz der Entropie stützt den Anspruch der großen drei theistischen Religionen, dass das Universum einen Anfang hat. Ironisch daran ist, dass ungeachtet der Unterstützung für theistische Ontologie und Kosmologie durch dieses Gesetz gegen Ende des 19ten Jahrhunderts und durch andere wissenschaftliche Entdeckungen des 20ten Jahrhunderts, diese Jahrhunderte eine Zeit gewesen sein sollten, in welcher eine materialistische Weltsicht ihren Höhepunkt gegen den Theismus erreicht hat, und die positivistische Philosophie, welche die „Wissenschaft“ an den Platz der Religion zu setzen sucht, eine der weitestgehend eingenommenen Ansichten in wissenschaftlichen Sphären wurde. Gewiss könnte noch viel über diese ironische Situation gesagt werden, allerdings möchte ich bei diesem Thema nicht verweilen, welches die Grenzen dieses Artikels überschreiten würde.

---

[152] John D. Barrow, Frank J. Tipler, *ebd.* S. 168-169.

3- Das Designargument und Entropie

Das Argument, welches weitestgehend die ganze Geschichte hindurch gebraucht wurde, um die Existenz Gottes auf rationale Art zu beweisen, ist das Designargument (teleologisches Argument).[153] Jene, welche dieses Argument gebrauchen, begründen ihren Anspruch mit der Ordnung in der Natur oder mit der Tatsache, dass die Natur einem Zwecke diene. Es gab verschiedene Ausformulierungen dieser Argumentation; manchmal wurde wohlwollende Fürsorge betont, manchmal Zweck und Ordnung. Die bekanntesten Kritiken gegen dieses Argument stammen von Hume und Kant. Humes Kritik gründete auf der Vorstellung, dass keine Analogie zwischen natürlichen Phänomenen und den durch menschliche Fertigkeiten hervorgebrachten Schöpfungen hergestellt werden könne.[154] Kants Herangehensweise an dieses Argument, welchem er besonderen Rang fern von den anderen Argumenten zuschrieb, war voll des höchsten Respekts, da es unser Wissen vermehrt und die wissenschaftliche Forschung gefördert habe. Dennoch musste dessen Vernünftigkeit vom Standpunkt des Kant'schen Systems zurückgewiesen werden, da das Ziel seines Systems war, zu beweisen, dass die „reine Vernunft" keine Metaphysik betreiben könne. Kant kritisierte dieses Argument durch die Wiederholung und Ausweitung von Humes Kritik.[155]

Im 19ten Jahrhundert gründeten die Formulierungen des Designarguments auf William Paley's Analogien einer Uhr und dem

[153] Auch wenn manche zwischen "teleologischem Argument" und "Argument vom Design" unterscheiden, gebrauche ich sie synonym.

[154] David Hume, *ebd.* S. 174-175.

[155] Immanuel Kant, *The Critique Of Pure Reason*, S. 187-190.

Uhrmacher einerseits und dem Universum und Gott andererseits[156] und sie wurden aufgrund der Einwände Hume's und Kant's (zusammen mit Darwins Theorie) kritisiert. Im 20ten Jahrhundert konnten wir auf der Grundlage von Wahrscheinlichkeitsberechnungen, die auch mathematisch ausgedrückt werden konnten, die eher häufige Verwendung des Designarguments beobachten. Wir können eine derartige mathematische Beschreibung benutzen, um die Exaktheit der Ausgeglichenheit der Entropie am Beginn des Universums zu erklären. Wir wissen, dass das Gesetz der Entropie festhält, dass sich die Unordnung im Universum stetig erhöht. Die logische Schlussfolgerung daraus ist, dass, wenn wir in der Zeit zurückgehen, die Entropie abnimmt und der geringste Grad der Entropie (die größte Ordnung) zu Beginn des Universums auftritt. Dennoch resultiert dies nicht aus dem kleinen Volumen des Universums zu dessen Beginn, da zum Ende des Universums, auch wenn das Volumen des Universums wieder abnimmt, die Entropie nicht abnehmen wird.

Wir können diese Tatsache mit der Art und Weise vergleichen, mit der sich die Größe der Menschen im Alter verringert; solch eine Situation bedeutet nicht, dass man deshalb auch jünger wird. Entropie ist wie Zeit; in eine Richtung ablaufend, unbeugsam und endgültig. Diese Anfangssituation mit niedriger Entropie ist die absolut erforderliche Bedingung für die Entstehung von Galaxien und der Geburt von Leben, und da sie das Kennzeichen für eine außergewöhnliche Ordnung ist, wird dafür eine Erklärung nötig.

Gemäß Roger Penrose können keine ihm bekannten physikalischen Daten auch nur annähernd die mathematische Beschreibung der entropischen Ausgeglichenheit am Beginn des

---

[156] William Paley, *Natural Theology, from Philosophy of Biology*, edited by Michael Ruse, Prentice Hall, New Jersey, 1989, S. 36.

Universums wiedergeben. Das Ausmaß der Entropie im Universum, beträgt zurzeit ungefähr 10^{88} und wird, wenn das Universum mit dem Big Crash zusammenbrechen wird, auf 10^{123} ansteigen. (Penrose berechnet dies unter der Verwendung der Bekenstein-Hawking-Entropie-Formel.)[157] Während des Big Crash des Universums beträgt die Entropie etwa 10^{43} per Baryon, und wenn man bedenkt, dass es im Universum in Summe 10^{80} Baryonen gibt, wird die Entropie im Universum 10^{123} betragen.[158] Die exakte Bilanz der Entropie zu Beginn des Universums kann auf Grundlage der Entropie am voraussichtlichen Ende des Universums berechnet werden. Tatsächlich könnte zu Beginn des Universums sehr wohl die gleiche Entropie wie zu dessen Ende mit dem gleichen Volumen vorgelegen haben; in diesem Fall hätten unsere Galaxis, unsere Welt, der Schreiber dieses Artikels und dessen Leser niemals existiert. Die Präzision der Entropie zu Beginn des Universums kann mit 1010 hoch 123 berechnet werden. Penrose, der diese Berechnung ausführte, kommentiert wie folgt: „Das sagt uns nun, wie präzise des Schöpfers Ziel gewesen sein muss, nämlich bis zu einer Genauigkeit von $10^{10 \text{ hoch } 123}$."

Der Grund, warum diese Zahl mit zwei Exponenten geschrieben ist, liegt darin, dass, wenn wir versuchten diese Zahl ohne Exponenten aufzuschreiben (also als Zahl 1 mit lauter Nullen dahinter), alle Materie des Universums dafür nicht ausreichend wäre. Wenn wir eine Billiarde Nullen (1015) über allen Teilchen im Universum (ungefähr 1080) und über alle Partikel des Lichts im Universum (ungefähr 1088) geschrieben hätten, hätten wir nur 10104 Nullen aufschreiben können. Um 10123 aufschreiben zu können, müssten wir zehn Millionen (107) mal Billionen (1012) mehr Universen wie das unsere haben und jedes Proton, Neutron

[157] Roger Penrose, *ebd.* S. 728.

[158] Roger Penrose, *The Emperor's New Mind*, übersetzt von: Tekin Dereli, Tübitak Popüler Bilim Kitapları, Ankara, 2003, S. 50.

und Photon all dieser Universen wie Notizbücher gebrauchen, um die Billiarden Nullen aufzuschreiben, und nur dann wären wir in der Lage, jene Zahl aufzuschreiben, welche das genau ausbilanzierte Gleichgewicht der Entropie zu Beginn des Universums zum Ausdruck bringt. So ist es nicht nur unmöglich, den kritischen Punkt der Entropie am Uranfang von Allem durch Zufall zu erlangen, sondern es ist auch unmöglich, den Grad der Genauigkeit dieser Ausgeglichenheit dadurch auszudrücken, dass man Nullen hinter einer 1 aufschreibt. Es ist nicht möglich, den Grad der Präzision, den es am Beginn des Universums braucht, zu erklären, ohne die Anwesenheit eines Begründers von Ordnung zuzulassen. Die *a priori*-Erwartung jener, die der Ansicht sind, dass das Universum nicht entworfen wurde, sollte ein chaotisches Universum ohne Ordnung sein. Allerdings verweisen die verfügbaren Daten nicht nur auf eine normale Ordnung, sondern auf eine außergewöhnliche. Da die Mathematik die objektivste Sprache ist, um Wissenschaft zum Ausdruck zu bringen, ist aus wissenschaftlicher Sicht als Unterstützung für das Designargument die Präzision der Ausgeglichenheit der Entropie zum Anbeginn stärker als all jene Beschreibungen, die von William Paley mit Erfolg und solcher Meisterschaft vorgebracht wurden.

Ich bin der Meinung, dass es sinnvoll ist, jene Daten, die mit dem Designargument verknüpft sind, in drei Gruppen zu analysieren. Im Allgemeinen haben jene, welche dieses Argument unterstützen, nicht diese 3-Punkte-Unterscheidung vorgenommen, sondern vorgezogen, alles, was wir in drei Punkten aufgegliedert haben, zusammen in einen Topf zu werfen oder sie haben einem Kennzeichen mehr Bedeutung zugeschrieben und dabei andere vernachlässigt. Diese drei-Punkte-Klassifizierung lautet wie folgt:

1- Beweis des Designarguments aufgrund der Naturgesetze:

Die der Materie innewohnenden Naturgesetze sollten gemäß diesem Punkt analysiert werden. Der Aufbau der physikalischen Gesetze wie dem der Schwerkraft, oder die Gesetze der Dynamik und der Aufbau der Kräfte, welche die Struktur der Materie bestimmen wie der Elektromagnetismus, starke und schwache atomare Kräfte, sind Gegenstand dieses Punktes. Die Verwendung der Charakteristika, welche der Materie innewohnen, ist das Unterscheidungskriterium in diesem ersten Punkt.

2- Designargument durch das Design der physischen Welt:

Selbst wenn alle physikalischen Gesetze des Universums so gewesen wären, wäre dies nicht genug, um das Vorhandensein von Design im Universum zu erklären. Zum Beispiel könnten wir sagen, dass unter diesen Gesetzen sich das Universum nicht unbedingt mit jener Geschwindigkeit ausgedehnt hätte, welche die Bildung von Galaxien erlaubt hätte, oder dass das exakte Äquilibrium im Sonnensystem und auf der Erde, welches das Entstehen von Leben möglich gemacht hat, nicht unbedingt hätte existieren müssen. Auf gleiche Weise könnte das Gesetz der Entropie sein wie es ist, doch die Erklärung des Designs der Entropie zu Beginn ist durch die Existenz dieses Gesetzes nicht gegeben. Das Unterscheidungsmerkmal in diesem Punkt ist, dass im Falle vieler Situationen, die im Rahmen der physikalischen Gesetze hätten auftreten können, die geringen Wahrscheinlichkeiten betont werden, welche Design und Leben möglich machten.

3- Designargument durch das Design in der Welt der Lebewesen:

(Wer möchte, kann einen vierten Punkt einführen, in dem der

„Verstand“ extra geführt wird.) Mit ihren hunderten und tausenden Arten ist die Welt der Lebewesen die reichste Quelle für das Designargument. Das Sonarsystem der Delphine, die Arbeitsteilung bei Ameisen, die Flügel der Vögel und die anatomischen Merkmale der Menschen sind alle das Thema dieses Punktes. Das Design innerhalb der Körper der Lebewesen, welches in Übereinstimmung mit der Entropie arbeitet und trotz der zerstörerischen Tendenz der Entropie dem Zweck der Lebenserhaltung dient, sollten in diesem Punkt Berücksichtigung finden. Während im zweiten Punkt die Verwirklichung von Ereignissen mit sehr geringer Wahrscheinlichkeit hervorgehoben wurde, ist das Unterscheidungsmerkmal bei diesem Punkt, dass diese gleiche Hervorhebung in der Welt der Lebewesen zur Anwendung kommt.

Wie wir bereits gesagt haben, ist die Regulierung der Entropie am Beginn des Universums im zweiten Punkt zu behandeln. Dennoch stehen die mit der Entropie verbundenen Daten für das Designargument auch mit den anderen beiden Punkten in Verbindung. Nehmen wir Punkt 1 als Beispiel.

Existierte im Universum solch ein Gesetz der Entropie nicht, könnte es auch kein Leben geben. Lassen Sie uns zum Beispiel an den Anfang dieses Artikels erinnern, als wir sahen, wie die Wahrscheinlichkeit des Entropiegesetzes das Leben durch die Verteilung der Luft in einem Raum gewährleistet. Verteilten sich die Moleküle der Luft nicht in Übereinstimmung mit diesem Gesetz, wäre Leben eine Unmöglichkeit. Die Existenz dieses Gesetzes im Rahmen von hunderten Phänomenen, die Leben ermöglichen, der Art, wie die Sonne uns im kalten Weltraum erwärmt, oder der Art, wie die Nährstoffe in den Körpern der Lebewesen verteilt werden, ist die sine-qua-non-Bedingung für unsere Existenz und die aller anderen Lebewesen. Dank der Existenz eines Gesetzes wie dem der Entropie trägt das Universum in sich selbst das Potential für eine große Vielfalt des Lebens. Selbst wenn, wie Monod[159] und Dawkins[160] behaupten, es möglich wäre, die Existenz von Lebewesen durch die Naturgesetze und die durch diese Gesetze erzeugten Zufälle zu erklären (die Wahrscheinlichkeitsberechnungen die Entropie betreffend und die Wahrscheinlichkeitsberechnungen die Proteine betreffend, auf die wir hier in diesem Artikel nicht weiter eingehen werden, sagen uns, dass solche Zufälle nicht möglich sind), so müsste immer noch erklärt werden, wie es kommt, dass die Naturgesetze in sich selbst das Potential tragen, solch komplexe Designs wie Lebewesen es sind, möglich zu machen. Da das Gesetz der Entropie es dem Universum ermöglicht, in sich das Potential zu tragen, solche Designs ins Leben zu rufen, ist es eines der fundamentalen Naturgesetze, welche der Materie eingeschrieben sind, was die Idee untermauert, dass die Naturgesetze designed sind.

Darüber hinaus ist das Konzept der Entropie auch für all jene von Bedeutung, welche das Designargument mittels des Designs in der Welt der Lebewesen zu gebrauchen wünschen, wie wir das in Punkt 3 erwähnt haben. Die Organe der Lebewesen sind auf eine Weise konzipiert, um eine niedrige Entropie über die Ernährung zu erreichen und die Körperwärme so zu erhalten, dass dem Anstieg der Entropie Widerstand geleistet werden kann. Viele Strukturen des Körpers, wie das Funktionieren des Gehirns, welches mannigfachen Ausgleich in Bezug auf Entropie bereitstellt, wie die Körpertemperatur, das Verdauungs- und Blutzirkulationssystem und die Zellorganellen, sind gemäß dem Entropiegesetz konzipiert. Darüber hinaus sind die mit der Entropie verknüpften Probleme in den vielen unterschiedlichen Lebewesen

---

[159] Jacques Monod, *Rastlantı Ve Zorunluluk*, übersetzt von: Vehbi Hacıkadiroğlu, Dost Kitabevi, Ankara, 1997.

[160] Richard Dawkins, *Kör Saatçi*, übersetzt von: Feryal Halatçı, Tübitak, Ankara, 2002.

mit verschiedensten Körpern und Verhalten auf unterschiedlichste Art und Weise gelöst. Entropie ist auch wichtig für das Verständnis der verschiedenen Regelmechanismen in den Organen und Zellstrukturen zum Beispiel einer Pflanze, eines Vogels oder eines Eisbären. Die mit der Entropie verknüpften Probleme für Lebewesen mit unterschiedlichem Verhalten wurden innerhalb eines Lösungsrahmens gelöst, der ihre Unterschiede berücksichtigt.

Einige waren der Meinung, dass Erzeugnisse des Designs, wie zum Beispiel Lebewesen, eine Verletzung dieses Gesetzes darstellen. Sogar Hermann von Helmholtz, der zur Formulierung dieses Gesetzes beigetragen hatte, zählt zu ihnen.[161] Unser Universum ist kein Ort, an welchem Ordnung aus dem Chaos entstand, wie Plato glaubte, dass dies der Fall wäre, noch ist es ein Ort, an dem Designs wie Lebewesen durch die Verletzung dieses Gesetzes, welches sagt, dass sich die Unordnung ständig erhöht, konzipiert werden. Die Existenz von Lebewesen ist möglich geworden, obwohl ihr Design eine Erhöhung der Ordnung bedeutet – zum Preis, dass dafür an einem anderen Ort im Universum die Unordnung ständig zunimmt. Die Erhöhung der Unordnung ist die Bedingung für die Existenz des Lebens und gleichzeitig ist eine Erschaffung von Leben die Erschaffung einer Ordnung, die Unordnung erzeugt. Lebewesen sind „offene Systeme“, die Materie und Energie in der Welt, in der sie leben, aufnehmen und abgeben. Wir nehmen niedrige Entropie direkt von Pflanzen oder indirekt durch Tiere. Auf der anderen Seite nehmen Pflanzen niedrige Entropie (Ordnung) von der Sonne. Da sich die Entropie in all diesen Prozessen in Summe erhöht, liegt keine Verletzung des Entropiegesetzes vor, aber die Lebewesen schaffen es durch die Zufuhr von niedriger Entropie zu überleben, trotz der ständigen Erhöhung der Entropie.

---

161 Paul Davies, *The Origin Of Life*, Penguin Boks, London, 2003, S. 28.

Der wichtige Punkt dabei ist, dass die Tatsache, dass die Existenz von Lebewesen dem Gesetz der Entropie nicht widerspricht, nicht bedeutet, dass dieses Gesetz die Existenz von Leben erklärt. Einige Wissenschaftler sind diesem Fehler aufgesessen. Um den Irrtum in der Logik jener Leute zu erklären, die diesem Fehler verfallen sind, bringt Paul Davies das Beispiel einer Person, die behauptet, dass durch das Auffinden einer elektrischen Steckdose die Funktion eines Kühlschranks erklärt wäre.[162] Das Beispiel des Kühlschranks aufnehmend, will ich folgendes Beispiel anführen: Genau wie im Falle der Lebewesen hat es den Anschein, als verhalte sich der Kühlschrank gegen die allgemeine Tendenz der Entropie. Doch da durch die Leistung des Kühlschranks in Summe eine Erhöhung der Entropie stattfindet, ist keine Verletzung des Entropiegesetzes gegeben. Deshalb macht jemand, der die Tatsache herausgefunden hat, dass der Kühlschrank das Gesetz der Entropie nicht verletzt (wie im Falle der Lebewesen) und denkt, dass das Entropiegesetz erklärt, wie der Kühlschrank, den er im Keller des Hauses gefunden hat, dort hingekommen ist und wie er zusammengebaut wurde, einen großen Fehler in dieser logischen Schlussfolgerung, genauso wie jemand, der behauptet, dass dieses Gesetz die Erklärung für die Existenz von Lebewesen liefert.

Auch wenn die Existenz von etwas Entwickeltem wie Lebewesen in einem Universum, in dem die Unordnung zunimmt, keinen Widerspruch zum zweiten Gesetz der Thermodynamik darstellt, welches das Gesetz der Unordnung ist, ist es doch ein Phänomen, das auch weiterhin das Designargument stärken wird.

[162] Paul Davies, *ebd.* S. 30.

4 - Wunder und Entropie

Etymologisch bedeutet „Wunder“ eine Handlung, die von jemandem getan wurde, der behauptet, ein Prophet zu sein, um seinen Status zu belegen; oder ein außergewöhnliches Geschehen, welches göttliches Eingreifen offenbart (vom Lateinischen miraculum, etwas, worüber man sich wundert). Das Konzept des „Wunders“ ist vom Standpunkt aller drei theistischen Religionen wichtig. Der Glaube an Wunder ist ein Muss für den Glauben an die heiligen Texte dieser drei Religionen; von Wundern wird an vielen Stellen dieser Texte erzählt. Hinzu kommt, dass die Art und Weise, wie man Wunder versteht, auch von dem Standpunkt aus sehr wichtig ist, wie Gläubige dieser Religionen die Gott-Universum-Beziehung aufbauen. Eine der wichtigsten Fragen, die an diesem Punkt beantwortet werden müssen, ist, ob ein Wunder eine Verletzung der Naturgesetze darstellt. In den heiligen Texten gibt es keinerlei Feststellungen darüber, dass ein Wunder eine Verletzung von Naturgesetzen sein sollte; dennoch führte die Tatsache, dass in dieses Texten gesagt wird, dass Moses das Meer geteilt hat und dass Jesus Christus die von Geburt an Blinden geheilt hat, zum Glauben daran, dass ein Wunder eine Verletzung von Naturgesetzen wäre.

Eine der Beobachtungen, welche die meisten Atheisten, die behaupten, dass Religion im Widerspruch zur Wissenschaft stehe, gemacht haben, ist, dass Religion die Existenz von Wundern geltend macht. Aufgrund ihrer Beobachtung steht Religion für sie im Widerspruch zu den Naturgesetzen, da sie behauptet, dass Vorkommnisse geschehen, die nicht mit den Naturgesetzen übereinstimmen. Gegen die Vorstellung von Wundern zu sein, ist nicht auf Atheisten beschränkt; einige Philosophen, die an Gott glaubten, stellten sich ebenfalls gegen das Konzept eines Wunders, da sie es als Verletzung der Naturgesetze ansahen und es ihrer Vorstellung von Gott entgegenstand. Zum Beispiel meinte Spinoza, dass die Naturgesetze ein Ausdruck von Gottes Natur wären, und da Gott nichts gegen Seine Natur mache, wandte sich Spinoza gegen die Idee von einem Wunder. Spinoza war Monist und in seinem Pantheismus deckte sich das Göttliche Wesen mit der Natur; deshalb gibt es in seinem Fall eine direkte Verbindung zwischen Göttlicher Natur und Naturgesetzen.[163] Schleiermacher, der von Spinoza beeinflusst war, behauptete auch, dass die christliche Vorstellung über Wunder geändert werden müsse. Er meinte, dass die Kausalität, die zwischen Naturgesetzen wirke, nicht nur physisch, sondern auch logisch wäre.[164]

Viele Antworten wurden als Entgegnung auf diese Einwände gegen Wunder gegeben. Wir können die Antworten, die wahrscheinlich am öftesten wiederholt wurden, auf folgende Weise zusammenfassen: Gottes Gesetze müssen als etwas innerhalb eines sehr weiten Rahmens, der auch die Naturgesetze umfasst, gesehen werden. Dieser Ansicht nach ist die Tatsache, dass Naturgesetze verletzt werden, wenn ein Prophet Wunder wirkt, ein Teil der Gesetze Gottes. Daher können Ausnahmen auch für das Wirken von Wundern gelten, ähnlich wie bei der Notwendigkeit, eine Maschine, die nach mechanischen Prinzipien arbeitet, wegen Wartungsarbeiten zum Anhalten zu bringen.

Mit einer Konzeption gleich der Leibnitz'schen „prästabilisierten Harmonie“ kann ein Versuch unternommen werden, eine Sicht von Wundern zu konstruieren, welche die Naturgesetze nicht verletzt. Dieser Sicht nach könnte Gott, auf gleiche Weise wie ein Billardspieler vorausplant, was er nach fünf bis zehn Stößen tun

---

[163] Spinoza, Benedictus, *Tractatus Theologico-Politicus*, çev: Samuel Shirley, Brill Academic Publishers, 1997.

[164] Schleiermacher, Friedrich, *The Christian Faith*, T. and T. Clark Publishers, 1999.

wird, zu Beginn des Universums den Ort und die Zeit für Wunder geplant haben und von allem Uranfang an künftige Wunder innerhalb des Rahmens der Naturgesetze vorgesehen haben.

Wenn man achtgibt, wird man feststellen, dass alle oben erwähnten Einwände gegen – und Argumente für – Wunder derart vorgetragen wurden, dass a priori angenommen wurde, dass die Gesetze der klassischen Physik absoluter Natur wären. Nichtsdestotrotz hat man erkannt, dass das Gesetz der Entropie und die grundlegendsten Naturgesetze auf der Grundlage von Wahrscheinlichkeiten und zusätzlich gemäß vorhersehbarer Kausalität funktionieren. Demgemäß werden wahrscheinliche Ereignisse, wie jenes, dass wir am Anfang dieses Artikels erwähnt haben, nämlich dass sich alle Luft über dem Atlantischen Ozean sammelt, nicht berücksichtigt – nicht deshalb, weil sie gegen wissenschaftliche Gesetze stehen oder absolut unmöglich wären, sondern weil die Wahrscheinlichkeit ihres Eintretens sehr gering ist. Dennoch wird die Wahrscheinlichkeit nur dann niedrig sein, wenn die verschiedenen Wahrscheinlichkeiten als willkürlich gesehen werden. Die Wahrscheinlichkeit, dass bei tausendmaligem zufälligem Würfeln immer die sechs kommt, ist sehr gering. Doch theoretisch sind niedrige Wahrscheinlichkeiten für jemanden, der das Würfeln theoretisch beherrscht, nicht bindend. Theismus erachtet Gott als den Schöpfer des Universums und als den Begründer und Erhalter wissenschaftlicher Gesetze. Jemand mit dieser Ansicht wird Gott als den Begründer von geringen Wahrscheinlichkeiten sehen und könnte Wunder auf dieser Grundlage erklären. Diese Art der Erklärung von Wundern wird die Verletzung von wissenschaftlichen Gesetzen nicht einschließen, und somit wird es nicht möglich, die oben erwähnten Einwände Spinozas oder Schleiermachers vorzubringen.

Ich sollte Folgendes betonen: ich behaupte nicht, dass Gott Wunder auf diese oder eine andere Art gewirkt oder nicht gewirkt habe. Zu zeigen, dass Wunder im Kontext der Naturgesetze möglich sind, heißt nicht, dass Gott Seine Wunder auf diesem Weg gewirkt hat. Was ich zeigen will ist, dass das moderne wissenschaftliche Bild des Universums, welches sich aus den Entwicklungen in den Naturwissenschaften ergeben hat, potentiell viele Ereignisse miteinschließt, auch Geschehen mit derart geringer Wahrscheinlichkeit, dass sie als Wunder eingestuft werden müssen, und dass dieses Verständnis von Wundern die Einwände gegen Wunder entkräftet, die behaupten, dass sie im „Widerspruch zu den Naturgesetzen" stehen. Selbst jene, die wie Spinoza und Schleiermacher den Gedanken von einer Verletzung der Naturgesetze nicht anerkennen, könnten auf der Basis dieses Resultats ein Konzept von Wundern akzeptieren, wie es sich in den heiligen Texten findet.

Lassen Sie uns gemeinsam überlegen, auf welche Weise sich eine große Anzahl von Molekülen bewegt, was ein wichtiger Teil des Entropiegesetzes ist, und die Art und Weise, wie Moses das Meer sich teilen ließ. Das Meer besteht aus einer sehr hohen Anzahl von Molekülen, die sich auf willkürliche Weise bewegen. Wir können uns vorstellen, dass alle Moleküle auf der rechten Seite von einer gedachten Linie, die wir durchs Meer gezogen haben, sich ohne Ausnahme nach rechts bewegen werden, und alle Moleküle auf der linken Seite sich ebenfalls ohne Ausnahme nach links bewegen. Das Meer würde sich teilen, ohne dass ein physikalisches Gesetz verletzt worden wäre. Der Grund, warum wir solch ein Phänomen nicht beobachten, ist nicht, weil es unmöglich wäre, sondern weil die Wahrscheinlichkeit seines Geschehens derart gering ist, dass es praktisch unmöglich ist. Allerdings wird für jene, die in Gott einen intelligenten Begründer von Wahrscheinlichkeiten sehen, diese geringe Wahrscheinlichkeit kein

Problem darstellen. Wenn Wunder auf diese Weise geschehen, wird das Eingreifen Gottes nicht direkt sichtbar; beobachtet wird ein unerwartetes und außergewöhnliches natürliches Phänomen, welches nichtsdestotrotz nicht gegen die Naturgesetze ist. Da das Vorkommen eines Wunders das Ergebnis der Verwirklichung einer sehr, sehr geringen Wahrscheinlichkeit ist, wird dieses Konzept nicht den kleinsten Schatten auf die außergewöhnliche Natur von Wundern werfen.

Wie man sehen kann, gibt es selbst in einem deterministischen Universum oder in einem Universum, welches mit den Formeln von Newton und Einstein harmoniert, einen Platz für Wunder. Es gab solche, die behaupteten, dass aufgrund der Quantenformeln, die im 20ten Jahrhundert aufgestellt wurden, erkannt wurde, dass das Universum eine indeterministische und probabilistische Struktur aufweist. Wir möchten wiederholen, dass keine Einhelligkeit in Bezug auf diese Interpretation der Quantentheorie besteht. Es gibt eine laufende Debatte darüber, ob die Quantenunschärfe aus unserer Unkenntnis erwächst, und somit einer subjektiven indeterministischen Situation entspricht oder einem objektiven indeterministischen Zustand in der Natur.

Der Ansatz, dass die Natur eine objektive indeterministische Struktur hat, erlaubt es zu glauben, dass Gottes Eingreifen im Universum dadurch möglich gemacht wird, dass solche Ungewissheiten gewiss gemacht werden. Daraus ergibt sich, dass in einem Universum, welches mit vorhersehbaren und probabilistischen Gesetzen funktioniert, es möglich ist, göttliche Intervention, die sich in Übereinstimmung mit den Naturgesetzen befindet, als „Wahl einer bestimmten Wahrscheinlichkeit unter vielen“ zu bezeichnen, und in einem indeterministischen Universum göttliche Intervention als die „Bestimmung von Unbestimmtheiten“ erklärt werden könnte.

In den 1960ern wurde entdeckt, dass winzige Inputunterschiede in einer Ecke des Universums große Unterschiede im Output in einer anderen Ecke hervorrufen können. Dieser Sachverhalt ist allgemein als „Schmetterlingseffekt“ bekannt. Demgemäß kann der Flügelschlag eines Schmetterlings in Istanbul einen Tornado in Cambridge verursachen.[165] Das zeigt, dass selbst sehr kleine Interventionen auf einer Mikroebene große Bedeutung haben und dass durch die Wahl, Geschehnisse mit sehr geringer Wahrscheinlichkeit auszuführen oder durch die Festlegung von Unbestimmtheiten sehr große Veränderungen im Universum bewirkt werden können.

Das Gesetz der Entropie weist auf ein Universum hin, dass deterministisch ist und nach Wahrscheinlichkeiten funktioniert und es behauptet nicht, dass das Universum indeterministisch ist, wie dies die Heisenberg'sche Quanteninterpretation tut. Dennoch kann dieses Wahrscheinlichkeitsgesetz uns auch zeigen, dass es eine Wahrscheinlichkeit dafür gibt, dass Wunder im Universum geschehen, ohne dass dies die Naturgesetze verletzt. Wenn wir allerdings die Frage des „freien Willens“ vom Standpunkt der Materie angehen, wird die Frage nach der Präsenz oder der Abwesenheit eines objektiven Indeterminismus im Universum wichtiger. Darüber hinaus sollte man wissenschaftliche und philosophische Debatten über den Aufbau des menschlichen Geistes dieser Thematik anfügen. Deshalb werde ich das Thema des „freien Willens“ nicht analysieren, solange ich das Problem „Wunder“ vorliegen habe. Das Problem des „freien Willens“ sollte in einem Kontext analysiert werden, in dem auch andere Dinge wie die Quantentheorie und die Philosophie des Geistes analysiert werden.

---

[165] James Gleick, *Kaos*, übersetzt von: Fikret Üçcan, Tübitak Popüler Bilim Kitapları, Ankara, 2000, S. 1-29.

Das Gesetz der Entropie ist ein Gesetz, über das es keine Meinungsverschiedenheit gibt und es ist auch ein Gesetz, welches neue Perspektiven für den Blick auf eine Gott-Universum-Beziehung schafft. Wir möchten gerne die Tatsache unterstreichen, dass wir versuchen, philosophische Schlüsse aus einem Gesetz zu ziehen, welches in Übereinstimmung mit verschiedenen Lehrmeinungen in der Physik ist, wie die der Newton'sche, Einstein'sche, Heisenberg'sche und Prigogine'sche Schulen.

Wir möchten unseren Artikel über die Entropie, der interessante philosophische Schlussfolgerungen mit sich bringt, mit einem kurzen Gedicht zu diesem Thema abschließen:

Entropie;

Streng und ironisch,

Unbeugsam und wahrscheinlich,

Sine qua non von Unordnung und Ordnung.

Herold des Endes und des Anfangs.

Entropie;

Verzweiflung für Einige, Hoffnung für Andere.[166]

---

[166] Entropy;
Rigid and ironic,
Unbending and probabilistic,
Sine qua non of disorder and order,
Harbinger of the end and of the beginning.
Entropy;
Despair for some, hope for others.

Quellen

Barbour, Ian (1971). *Issues in Science and Religion*, Herausgeber, Harper and Row. (1991).

Religion in an Age of Science, Herausgeber, Harper and Row. (2000).

When Science Meets Religion, Harper San Francisco.

Barrow, John D, Frank J. Tipler (1996). *The Anthropic Cosmological Principle*, Oxford University Press.

Clayton, Philip (1997). *God and Contemporary Science*, Edinburg University Press.

Davies, Paul (1984). *God and The New Physics*, Simon and Schuster.

Descartes, Rene (1984). *Metod Üzerine Konuşma*, übersetzt von: K. Sahir Sel, Sosyal Yayınları.

Einstein, Albert, B. Podolsky, N. Rosen (1935). Can Quantum-Mechanical Description of Physical Reality Be Considered Complete? *Physical Review 4.*

Einstein, Albert (2001). *İzafiyet Teorisi*, übersetzt von: Gülen Aktaş, Say Yayınları.

Ellis, George F.R. (1993). The Theology of the Anthropic Principle, in *Quantum Cosmology and the Laws of Nature* Herausgeber: Robert John Russell, Nancey Murphy, C. J. Isham, Vatican Observatory Publications and The Center for Theology and the Natural Sciences.

----------------------- (2000). Ordinary and Etraordinary Divine Action, in *Chaos and Complexity* Herausgeber: Robert John Russell, Nancey Murphy, Arthur R. Peacocke, Vatican Observatory Publications and The Center for Theology and the Natural Sciences.

Fölsing, Albrecht (1997). *Albert Einstein*, übersetzt von: Ewald Osers, Penguin Books. Gamow, George (1995). 1-2-3 Sonsuz, übersetzt von: C. Kapkın, Evrim Yayınevi.

Gleick, James (2003). *Kaos*, übersetzt von: Fikret Üçcan, Tübitak Popüler Bilim Kitapları.

Hawking, Stephen (1990). *A Brief History of Time*, Bantam Books.
----------------------- (2002). *Ceviz Kabuğundaki Evren*, übersetzt von: Kemal Çömlekçi, Alfa Yayınları.

Heim, Karl (1953). *The Transformation of the Scientific World View*, SCM.

Heisenberg, Werner (2000). *Fizik ve Felsefe*, übersetzt von: M. Yılmaz Öner, Belge Yayınları.

------------------------ (2003). *Einstein'la Yüzleşmek*, übersetzt von: Kemal Budak, Gelenek

Yayıncılık. Hume, David (1999). *An Enquiry Concerning Human Understanding*, Oxford University Press.

Kant, Immanuel (1971). *Fundamental Principles of the Metaphysics of Morals*, übersetzt von: Thomas Kingsmill Abbott, William Benton.

-------------------- (1971). *The Critique of Pure Reason*, übersetzt von: J.M.D. Meiklejohn, William Benton

-------------------- (1971). *The Critique of Practical Reason*, übersetzt von: Thomas Kingsmill Abbott, William Benton.

Mayr, Ernst (1982). *The Growth of Biological Thought*, The Belknap Press of Harvard University Press.

Murphy, Nancey (2000). Divine Action in the Natural Order: Buridan's Ass and Schrödinger's Cat, in Chaos and Complexity Herausgeber: Robert John Russell, Nancey Murphy, Arthur R. Peacocke, Vatican Observatory Publications and The Center for Theology and the Natural Sciences.

Özcan, Hanifi (1989). Bilgi-Obje İlişkisi Açısından İnsan Hürriyeti, *Dokuz Eylül Üniversitesi İlahiyat Fakültesi Dergisi 5.*

Peacocke, Arthur R. (1993). *Theology for a Scientific Age*, SCM.

Penrose, Roger (2000). *Kralın Yeni Usu 2: Fiziğin Gizemi*, übersetzt von: Tekin Dereli, Tübitak Popüler Bilim Kitapları.

-------------------- (2003). Büyük Küçük ve İnsan Zihni, übersetzt von: Cenk Türkman, İzdüşüm Yayınları.

-------------------- (2004). *The Road to Reality*, Jonathan Cape London. Polkinghorne, John (2003). *Science and Theology*, Fortress Press.

Pollard, William (1958). *Chance and Providence: God's Action in a World Governed by Scientific Law*, Faber and Faber.

Popper, Karl R. (1985). *Open Universe: An Argument for Indeterminism*, Rowman and Littlefield.

------------------- (1998). *Bilimsel Araştırmanın Mantığı*, übersetzt von: İlknur Aka, İbrahim Turan, Yapı Kredi Kültür Sanat Yayıncılık.

Prigogine, Ilya (2004). *Kesinliklerin Sonu*, übersetzt von: İbrahim Şener, İzdüşüm Yayınları.

Russell, Robert John (1997). Does "The God Who Acts" Really Act? New Approaches to Divine Action, *Theology Today 54*.

Sartre, Jean Paul (1993). *Being and Nothingness*, übersetzt von: Hazel E. Barnes, Washington Square Press. Saunders, Nicholas (2002). *Divine Action and Modern Science*, Cambridge University Press.

Schleiermacher, Friedrich (1999). *The Christian Faith*, Herausgeber, T. and T. Clark.

Spinoza, Benedictus (1997). *Tractatus Theologico-Politicus*, übersetzt von: Samuel Shirley, Brill Academic Publishers.

Taslaman, Caner (2006). *Big Bang ve Tanrı*, İstanbul Yayınevi.

Tracy, Thomas F. (2000). Particular Providence and the God of the Gaps, in *Chaos and Complexity* Herausg: Robert John Russell, Nancey Murphy, Arthur R. Peacocke, Vatican Observatory Publications and The Center for Theology and the Natural Sciences.

Turhan, Kasım (2003). *Kelam ve Felsefe Açısından İnsan Fiilleri*, Marmara Üniversitesi İlahiyat Fakültesi Vakfı Yayınları.

Bibliographische Information der Deutschen Bibliothek

Die Deutsche Bibliothek verzeichnet diese Publikation in der Deutschen Nationalbibliographie; detaillierte bibliographische Daten sind im Internet unter www.dnb.de abrufbar.

--

Caner Taslaman
Gott, Wissenschaft und Religion
1. Auflage, Erscheinungsjahr 2020

--

Verlag und Druck:
tredition GmbH,
Halenreie 40-44
22359 Hamburg

ISBN: 978-3-347-06515-4 (Hardcover)
978-3-347-06516-1 (e-Book)